KB176943

부모와 아이가 함께 자라는

오늘 육아

부모와 아이가 함께 자라는

오늘 육아

김영숙 지음

북하우스

*

아이들은 지시나 훈계가 아닌 모방을 통해 배운다.
부모의 역할은 아이들이 일상생활에 직접 참여하게 해주고
놀이 속에서 따라 할 수 있는 모범을 보여주는 것이다.

_루돌프 슈타이너

프롤로그

살아 있는 교육은 일상에서 이뤄집니다

"너무 걱정하며 살지 말 걸 그랬다."

삶의 막바지에 이른 많은 사람이 인생을 돌이켜보며 가장 후회하면서 하는 말이라고 합니다. 주위를 둘러보면 과거에 대한 불평이나 회한, 미래에 대한 걱정과 불안으로 지금 이 순간에 집중하지 못하는 사람이 참 많습니다.

2018년, 미국 코넬대학교 연구팀은 '사람들이 자주 후회하는 것은 무엇일까?'에 대해 오랫동안 연구한 결과를 발표했습니다. 이 연구에 따르면, 무려 76퍼센트의 사람들이 자신이 소망하는 바대로 살지 못하는 것으로 나타났습니다. 주위의 요구에 맞춰 의무감과 책임으로 수행하는 삶을 살아온 것에 많은 사람이 뒤늦게 후회한다는 것이지요. 이 연구를 주관한 사회심리학자 토머스 길로비치는 후회하지 않으려면 원하는 바를 당장 행동으로 옮기라고 제안했습니다.

한편, 소수일지라도 세상이 요구하는 대로 살지 않고 본인이 진정으로 원하는 삶을 스스로 개척해 세상에 아름다운 선물을 안겨준 훌륭한 사람들이 있습니다. 그들은 실패를 두려워하지 않고 끈기 있게 자기가 좋아하고 가장 잘할 수 있는 일을 찾아 자신의 속도대로 묵묵히 해나갔던 사람들입니다. 주위의 반대에도 초조해하지 않으면서 많은 역경과 고통을 감내하기는 쉽지 않았을 겁니다.

대표적인 예로 '토크쇼의 여왕'이라 불리는 미국의 방송인 오프라 윈프리는 어린 시절 지독하게 어려운 환경에서 자라며 수많은 고통을 겪었습니다. 가난하고 평탄치 않은 가정에서 자랐고, 사회적으로도 흑인 여성이라는 이유로 편견과 차별을 겪었으며, 텔레비전에 어울리지 않는다고 앵커 자리에서 해고를 당하기도 했습니다. 그럼에도 불구하고 좋아하는 일을 계속할 수 있었던 것은 고통을 겪으며 터득한 포용력과 매일매일 감사한 일 다섯 가지를 찾아 기록하는 습관이 자신을 지탱했기 때문이었다고 합니다.

모든 일은 하루아침에 이루어지지 않습니다. 매일 반복하는 사소한 습관이 처음에는 작은 변화를 가져오고, 결국에는 인생의 기적이라고 할 수 있는 놀라운 변화를 만들어냅니다. 아이를 키우는 일도 마찬가지라고 생각합니다. 아이에게 건네는 부모의 말 한마디와 눈 맞춤, 아이 눈에 비치는 부모의 행동 하나하나가 하루 이틀 차츰차츰 쌓여 놀라운 변화를 가져오기 때문입니다.

아이와의 관계에서 매일의 일상을 소중하게 가꾸어나가는 일이야말로 양육의 시작입니다. 소박한 일상이 쌓여 20년 장기전을 지치지 않고 원만히 이어나갈 수 있는 부모의 건강한 내공이 됩니다.

저는 첫 번째 책《천천히 키워야 크게 자란다》에서 아이들의 잠재력이 자연스럽게 발휘되기 위해서는 부모가 '천천히' '자유롭게' '있는 그대로' 아이의 성장을 지켜봐줘야 한다고 이야기했습니다. 아이들이 저마다의 발달 속도와 고유한 개성을 존중받으며 성장할 때 건강한 성인으로 자립할 수 있는 토대가 만들어진다는 이야기였지요.

이번 책《오늘 육아》에서는《천천히 키워야 크게 자란다》에서 중요하게 언급했던 '삶의 리듬을 회복하는 교육' 방법을 함께 모색해보고자 합니다. 앞선 책에서 '속도'의 문제를 다루었다면, 이번 책에서는 '일상'의 문제로 한층 더 나아갔습니다.

부모들은 아이들을 잘 기르기 위해 뼈 빠지는 수고를 감당하며 힘겹게 살아갑니다. 그런데 정작 돈 버느라 바쁜 나머지 아이들과 함께하는 시간이 부족해서 마음 역시 힘듭니다. 아이들은 또 아이들대로 힘듭니다. 선행학습이 유발하는 학업 스트레스 때문에 아이들은 낮은 성취감과 무기력에 빠지기도 합니다.

누구 하나 행복하지 않은 이 '빨리빨리' 교육 문제를 어떻게 해결하면 좋을까요? 주관 없이 그저 남들이 하니까 따라 하는 교육이 정말 괜찮은 걸까요? 지금 우리에게 주어진 시급한 문제는 아이에게 영어 단어 하나 더 외우게 하고, 수학 문제 하나 더 풀게 하는 것이 아닙니다. 일상을 배움의 과정으로 바라보고 소중하게 가꾸어나가는 '일상성을 회복하기', 이것이야말로 본질적이고 시급한 과제입니다.

저는 '빨리빨리' 교육의 폐해에서 벗어나 부모와 아이 모두가 행복하게 성장하는 비결이 '균형 잡힌 일상'에 있다고 생각합니다. 건강한 삶은 목적지가 아닌 방향이 소중한 삶이며, 그러한 삶은 방향을 잃지 않고 한 걸음 한 걸음 나아가는 균형 잡힌 일상에서 피어납니다.

아이들은 '리듬 있는 삶, 반복을 통한 배움'을 통해 건강하게 커나갑니다. 감사하게도 뜻을 같이하는 엄마들을 만나 우리의 지난 삶을 들여다보고 미래를 내다보는 바이오그래피Biography 활동과 생활예술로 일상생활을 풍요롭게 가꾸어나가기 위해 함께 노력하고 있습니다. 이 책을 통해 지난 몇 년간 같이 울고 웃었던 가슴 뭉클한 경험들을 함께 나누고자 합니다.

1부에서는 자녀교육 이전에 부모 자신의 삶을 돌아보고자 합니다. 부모 자신에 대한 이해가 선행되어야 행복한 육아가 가능하기 때문입니다. '나의 내면'을 잘 알수록 다른 사람과 세상에 대한 이해의 폭도 커집니다. 2부에서는 일상성의 회복과 관련하여 '일상이 커리큘럼' '가정이 모델'이라는 이야기를 나누고 싶습니다. 3부와 4부에서는 부모와 아이의 관계가 즐거워지고 육아가 편안해지는 일상의 지혜를 열두 가지로 정리했습니다. 아울러 오랫동안 교육 현장에서 활동해온 이웃 나라 할머니 선생님 세 분과의 인터뷰를 통해 교육적 통찰과 지혜를 나누고자 했습니다.

지식보다 상상력이 더 중요하다는 사실을 깨닫게 되면 우리의 일상은 더 행복하고 지속 가능한 방향으로 흘러갈 것입니다. 미래는 꿈꾸는 사람들의 것이라고 하지요. 어른과 아이들의 소박한 꿈들을 모아보고 싶습니다. 따스한 상상력으로 우리의 일상과 미래가 잘 이어질 수 있는 길을 찾아 아이들과 신나게 걸어가고 싶습니다. 그 길에서 아이들을 이해하고, 신뢰하고, 기다려주는 부모들을 만나고 싶습니다. 함께하는 부모들이 많아질수록 우리 아이들은 더 신명 나게 도전하며 힘차게 나아갈 것입니다.

살아 있는 교육은 리듬과 반복이 있는 일상에서 이루어집니다. 자연의 리듬에 따라 일과 놀이, 삶이 어우러지는 균형감 있는 충만한 일상을 꿈꾸어봅니다. 아무쪼록 저의 부족한 글이 일상의 변화를 일으키는 데 조금이라도 보탬이 되기를 희망합니다.

차례

2

일상에서 배우는 아이들

3

관계가 즐거워지는 일상의 지혜

4

육아가 편안해지는 일상의 지혜

에필로그

1

✳

부모의 일상이 행복해야 아이의 일상도 행복하다

육아의 첫걸음은

부모의 삶을 돌아보는 여행에서 시작됩니다.

다섯 살이었던 나를 만나는 여행입니다.

아홉 살이었던 나를 만나는 여행입니다.

어른들은 안 좋은 일이 생기면

과거의 기억을 불러오고

내일에 대한 걱정까지 끌어옵니다.

하지만 아이들은 오직 '지금 여기'에 삽니다.

지금 이 순간이 가장 경이로운 순간인 듯 바라봅니다.

부모의 일상이 행복할 때

아이도 안정과 행복을 경험합니다.

육아의 시작은 부모 자신의 몸과 마음을 돌보는 일에서부터

고통 속에서 의미를 발견할 수 있는 한
인간은 어떤 고통이든 기꺼이 받아들인다.
_빅터 프랭클

엄마들과의 모임에서 '나를 위한 돌아봄의 자리'라는 주제로 '내 민낯 들여다보기' 시간을 가진 적이 있습니다. 준비물은 매우 간단합니다. 내 민낯과 손거울 하나면 충분합니다. 방법도 간단합니다. 손거울로 내 얼굴을 비추고, 5분 동안 가만히 자신의 얼굴을 응시합니다. 그다음으로는 '옆 사람의 민낯 들여다보기'가 이어집니다. 처음에는 서로의 얼굴을 빤히 쳐다보기가 어색해 여기저기서 웃음소리가 났습니다. 그러다가 어느덧 진지하게 서로의 얼굴을 응시하는 순간이 찾아왔습니다.

이 활동을 마치고 나서는 자신이 관찰한 상대방의 얼굴을 차근차근 묘사하여 들려줍니다. 이윽고 각자의 소감을 공유하는 시간이 이어지지요. 재미난 소감, 가슴 뭉클한 소감 등 서로 다른 얼굴만큼 소감도 다양합니다.

"처음에는 제 얼굴을 5분 들여다보기로 했는데, 보다 보니 10분 이상 자세히 들여다보게 되더라고요. 새롭게 발견한 점과 기미에 놀라기도 했고, 묘하게 위로를 받은 시간이기도 했습니다."

"우리는 행동에는 관대한데 얼굴은 야박하게 평가하는 것 같습니다. 앞으로는 행동에 엄격하고 생김새에 관대해졌으면 좋겠습니다."

"남이 내 얼굴을 자세히 관찰하고 설명까지 해주니 민망하기도 했지만 위로를 많이 받았습니다."

아이 키우랴 집안일 하랴 한시도 짬이 나지 않았던 엄마들. 자신의 얼굴 한번 제대로 들여다볼 시간이 없었을 엄마들이기에 '내 민낯 들여다보기'를 하고 나면 그렇게나 위로를 받는지도 모르겠습니다. 저는 엄마들이 5분씩이라도 '내 민낯 들여다보기'와 같은 시간을 매일 일정하게 가지면 좋겠습니다. 하루에 잠깐씩이라도 자신의 몸과 마음을 들여다보는 시간, 오롯이 나에 대해서만 생각하는 시간을 갖게 되면 아이를 대할 때도 여유와 완충의 공간이 생겨납니다.

"내 민낯을 한참 동안 거울로 바라보며 스스로와 대화를 한 적이 있기는 했는지 기억나지 않아요. 그래서인지 나에게 집중해 내 몸과 마음을 돌보는 경험은 아주 진귀한 보석을 선물로 받은 것처럼 멋진 일이었어요. 내 아이를 잘 키우고 싶은 바람으로 시작했지만, 어느 날부터 우리 마을의 다른 아이들도 보이기 시작했어요."

자기 자신을 사랑하지 않고 아이를 사랑한다는 것은 불가능합니다. 나 자신이 바로 선 다음에야 누군가를 제대로 돌볼 수 있습니다. 우리는 부모로서 아이를 잘 키우는 방법을 찾기 이전에 먼저 내 몸과 마음을 잘 다스려야 합니다.

아이들의 발달 시기에 따라 부모가 잘 챙겨야 하는 것들이 조금씩 달라집니다. 아이들의 몸이 쑥쑥 크는 시기인 0~7세(태어나서 젖니를 갈고 영구치가 나올 무렵)에는 부모(특히 주 양육자가 될 확률이 높은 엄마)가 체력이 고갈되지 않도록 자신의 기운을 잘 챙겨야 합니다. 이 시기에 아이들은 미래의 기초 체력이 될 신체를 만들어나갑니다. 아이들의 감정 발달이 무르익는 7~14세(사춘기, 2차 성징이 나타날 무렵) 시기에는 부모 역시 자신의 감정을 잘 챙겨야 합니다. 사고력을 키워나가는 시기인 14~21세(신체적 성장을 완성하는 무렵)에는 어른들도 자신의 판단력과 가치관을 잘 돌아봐야 합니다.

아이들은 부모를 심안心眼으로 바라봅니다. 아이들은 어른이 말하는 대로 크지 않고, 행동으로 보여주는 대로 따라 하며 커나갑니다.

어느 날 제 딸 솔이가 불쑥 이런 말을 해서 놀란 적이 있습니다.

"엄마, 엄마가 나이 들수록 점점 외할머니를 닮아가요. 대학에 다닐 때는 제 안에서 아빠 모습을 많이 발견했어요. 그런데 지금 법을 공부하면서는 엄마 모습을 많이 발견하게 돼요. 참 신기해요."

딸은 아무렇지도 않게 내뱉은 말 같았지만, 그날 아이가 던진 말은 '내가 아이를 비추는 거울이구나' 싶어 저를 각성하게 했습니다.

아이의 존재는 부모가 힘들어도 늘 깨어 있도록 마음을 다잡게 해줍니다. 어떻게 살아가야 하는지, 내 삶의 목적이 무엇이고 방향이 어디인지, 내가 내 삶의 주인으로 잘 살아가고 있는지를 돌아보게 합니다. 아이들을 사랑하기 위해 아이들의 고유한 천성과 기질을 잘 알아야 하는 것처럼, 나 자신을 사랑하기 위해서도 스스로를 이해해나가야 합니다. 아이큐, 재능, 환경을 뛰어넘는 열정적 끈기의 힘인 '그릿Grit'을 연구한 앤절라 더크워스는 다음과 같이 말했습니다.

"자녀에게 그릿이 생기기를 바란다면 먼저 당신 자신이 인생의 목표에 얼마만큼 열정과 끈기를 가졌는지 질문해보라. 그런 다음 현재의 양육 방법에서 자녀가 당신을 본받게 할 가능성이 얼마나 있는지 자문해보라. 첫 번째 질문에 대한 답이 '매우 강하다'이고 두 번째 답이 '가능성이 매우 크다'라면 당신은 이미 그릿을 길러주고 있다."*

주변 사람들과의 건강한 관계는 나 자신을 사랑하고 스스로를 바로 세우는 일에서 시작됩니다. 단순한 예를 들면 부모가 자녀들과 함께 찍은 가족사진을 바라볼 때에 무의식적으로 자신의 얼굴을 먼저 확인한 다음 자녀들의 얼굴을 보는 것과 같은 이치입니다. 혼자 잘 노는 아이들이 다른 아이들과도 잘 놀듯이 어른들도 각자가 세상의 주인, 자기 삶의 주인으로 살아가는 노력을 게을리하지 않았으면 합니다.

우리 아이가 어떤 사람이 되길 바란다면, 우선 내가 그러한 사람인지를 돌아볼 필요가 있습니다. 모든 교육은 '나'에서부터 비롯됩니다. 부모는 아이의 첫 번째 환경이자, 아이 인생의 첫 번째 선생님입니다.

* 《그릿》(앤절라 더크워스 지음, 김미정 옮김, 비즈니스북스, 2016), 286쪽.

부모로서 당신의 일상은 어떠한가요?

들은 것은 잊어버리고,
본 것은 기억하고,
직접 해본 것은 이해한다.
_공자

앞 장에서 부모는 아이 인생의 첫 번째 선생님이라고 말씀드렸습니다. 부모가 항상 바쁘게 살면서 스트레스와 혼란이 쌓여가면 그 불안한 상태를 아이들도 그대로 느낍니다. 그래서 특히 어린 아이를 키우는 부모의 일상생활은 아주 중요하지요. 부모가 단순한 리듬으로 일상생활을 해나가며 내적으로 평온한 상태를 유지하면 신통하게도 아이도 부모의 평화로움을 감지해 안정감을 형성하게 됩니다. 가정은 아이가 살아가는 데 필요한 삶의 기본을 배워나가는 최초의 학교이지요. 그런 까닭에 부모는 아이들의 첫 번째 선생님이기도 합니다.

아이에게 건강한 욕구, 호기심과 의지가 생겨나도록 부모로서 무언가 하고 싶으신가요? 복잡하거나 거창하지 않아도 됩니다. 어렵지 않은 방법이 있거든요. 아이들이 모방할 수 있는 활동들을 부모가 기꺼이 즐겁게 해나가면 됩니다. 기쁨과 의욕은 아이가 건강하게 커나갈 수 있는 힘이 됩니다. 부모가 삶을 즐기는 모습, 일상생활을 충실히 해나가는 모습은 아이들에게 큰 기쁨을 선사합니다. 부모 역시 아이들과 관계 맺기가 수월해집니다. 아이들에게 그 무엇도 강요할 필요가 없어지기 때문이지요. 이미 아이들은 당신의 모습을 모방하고 싶어 합니다.

미국의 많은 부모에게 영향력을 끼치고 있는 소아과 의사 가운데 한 사람인 T. 베리 브래즐턴 박사의 충고는 오늘도 벅차고 힘든 육아에 최선을 다하고 있는 부모들에게 위로가 되어줍니다. "여러분은 여러분의 성공으로 배우는 것보다 더 많은 것을 실수로 배웁니다"라는 그의 말처럼 부모로서 완벽해지려는 욕심을 부리지 않고, 그저 아이를 정성 들여 잘 키우고 싶은 마음으로 순간순간 최선을 다하면 그것으로 충분하지 않을까 생각해봅니다. 그렇다면 최선의 시작은 우리 자신의 일상생활을 살뜰하게 가꾸어나가는 길에서 출발해야 하지 않을까요?

언젠가 부모교육에 참여했던 한 엄마의 고백에 마음이 뭉클해진 적이 있습니다.

"아이와 온종일 있으면 결국 서너 번은 울리는 것 같아요. 그런데 돌이켜보면 그 상황이 완벽한 아이, 완벽한 엄마에 대한 저의 강박에서 비롯된 것이라는 생각이 들어요. 이상적인 아이에 대한 제 멋대로의 기준으로 아이를 잣대질한 것이죠. 그렇게 선을 긋는 순간 '기준 안에 들어와! 왜 못 들어와!' 하며 아이를 몰아붙이게 되고요. 아이를 관찰하고 이해하기보다는 제 기준이 앞섰기 때문일 겁니다. 잘 알면서도 마음이 조금만 느슨해지면 쉽게 잊어버리게 되네요. 이렇게 부족한 엄마인데도 오늘 밤 아이가 잠들기 전에 그러더라고요. '엄마, 날 많이 사랑해줘서 고마워.' 그렇게 말하며 안아주는 아들의 해맑은 웃음에 눈물겹게 감사하며 저를 돌아보게 됩니다."

아이는 어른과 아주 다릅니다. 아이는 어른과 같은 방법으로 배우지 않습니다. 피카소는 "정교한 그림을 그리기는 쉽지만, 다시 어린이가 되는 데 40년이 걸렸다"라고 말했습니다.

아이들은 누구나 창의적인 예술가입니다. 왜일까요? 어른에게는 지루하고 단순하게만 느껴지는 심심한 일상의 모든 순간을 아이들은 무한한 호기심으로 경이롭게 바라보기 때문입니다. 그래서 아이들은 어른들이 무심코 지나치는 많은 것들에도 곧잘 기뻐합니다. 어른이 아이의 눈으로 일상을 신기하고 생경하게 바라볼 수 있다면 기쁨과 슬픔, 행복을 맛보는 순간들이 더욱 많아질 것입니다. 삶은 그런 순간들이 모여 더욱 풍요로워지는 것이 아닐까요?

부모가 아이들처럼 놀이를 통해 일과 삶을 배운다면, 우리는 예술가의 마음으로 일상생활을 멋지게 창조해나갈 수 있습니다. 부모가 생활예술가가 되는 길은 멀리 있지 않습니다. 집안일을 할 때도 즐겁게, 이야기를 들려줄 때도 기쁘게 놀이처럼 하면 됩니다. 그럼 아이들도 자연스럽게 그런 부모의 태도를 모방하게 됩니다. 부모의 기쁨은 아이에게 쉽게 전염되지요. 벌들은 춤을 추며 동료들과 소통한다고 합니다. 우리도 춤을 추듯이 일상생활의 작은 일부터 경쾌하게 순간순간을 즐겨나가면 큰일도 순조롭게 해결해나갈 수 있을 것입니다.

행복의 터전은 가정입니다. 아이들에게 가정은 일상의 학교입니다. 어린아이들에게 읽기, 쓰기, 영어, 수학 같은 학과목 선행학습보다 필요한 것은 안정된 리듬과 반복이 있는 부모의 일상생활과 따뜻한 나눔입니다. 아이들은 부모의 말보다 부모의 존재 그 자체에서 더 많이 배웁니다. 삶을 살아가는 데 필요한 기본적인 것들을 가까운 주변 사람과의 관계 속에서 배워나갑니다.

아이들은 환하게 웃을 때마다 커나간다

어른이 아이의 눈으로
일상을 신기하고 생경하게 바라볼 수 있다면
기쁨과 슬픔, 행복을 맛보는 순간들이
더욱 많아질 것입니다.
삶은 그런 순간들이 모여
더욱 풍요로워지는 것이 아닐까요?

우리의 취약함을 받아들이는 용기

너무 소심하고 까다롭게 자신의 행동을 고민하지 말라.
모든 인생은 실험이다. 더 많이 실험할수록 더 나아진다.
_랠프 월도 에머슨

"난 아직 부족한 게 많아, 충분하지 않아."

많은 사람이 이미 가진 것이 7개인데도 나머지 3개를 가지지 못했다고, 충분하지 않다고 생각하곤 합니다. 좋았던 기억보다 아프고 괴로웠던 기억을 더 많이 떠올리며 주변 사람들에게 말하기도 합니다. 우리는 상처받기 쉬운 세상에 살고 있지만 우리의 삶에서 아픔과 괴로움을 완전히 없앨 수는 없습니다.

"가장 위험한 것은 우리가 우리의 아이들을 어른들의 기준으로 완벽하게 만들려고 한다는 거죠. (…) 아이들은 안간힘을 쓰며 살아갈 수 있는 능력을 이미 갖추고 이 세상에 태어났습니다. 부모들은 건강하게 태어난 아기들을 손에 들고 '이 아이는 완벽한 아이야. 그러니까 내 책임은 이 아이가 5학년이 되면 테니스 팀에 들어가고, 중학교 1학년이 되면 예일대학교에 들어갈 수 있게 하는 거야' 하고 다짐하죠. 그런데 그건 우리의 역할이 아닙니다. 우리의 역할은 아기를 바라보며 '아직은 불완전하고 시행착오를 겪으며 살아가도록 태어났지만, 너는 아낌없이 사랑받고 대접받아야 하는 존재'라고 말하는 거죠. 그게 우리가 할 일입니다."*

브레네 브라운의 말은 한국이든 미국이든 어느 사회나 자녀에 대한 부모의 소망이 한결같다는 사실을 깨닫게 해줍니다. 휴스턴대학교 사회복지학과 교수인 브레네 브라운은 '측정할 수 없고 증명할 수 없는 것은 학문이 아니다'라는 관점으로 여러 해 동안 수많은 자료를 조사하고 연구했다고 합니다. 그러나 오랜 조사 끝에 받아들이게 된 사실은 '실제의 삶에서는 측정하고 증명할 수 없는 영역이 너무 많다'는 것이었다고 해요. 누구나 마음 깊은 곳에 꼭꼭 감춰두고 있는 두려움, 불안, 나약함, 취약함이 있으며 그것들을 용기 있게 드러낼 때에야 비로소 사람들과 진정한 연결이 시작된다고 합니다.

우리가 꼭꼭 감추고 들키고 싶지 않은 우리 자신의 취약함을 들여다볼 수 있는 용기를 낼 때 아이들의 연약함을 끌어안고 보듬을

* 브레네 브라운의 테드 강연 〈취약함의 힘〉(2010) 중.

수 있는 포용력도 생깁니다. 그렇기 때문에 부모가 자기 내면의 상처받은 마음을 끌어안고 토닥토닥 보듬어주면서 그동안 애썼다고 위로해주는 시간을 가져야 합니다. 뜨겁게 달궈진 쇠붙이를 망치질하며 단단하게 만들어나가는 것처럼 마음의 상처와 회복력도 차곡차곡 다져지는 것입니다. 있는 그대로의 내 모습이 세상에서 가장 보잘것없고 힘없는 존재일 수 있음을 겸허하게 받아들이고 우리 자신을 존중해야 아이들과의 따뜻한 관계도 시작될 수 있습니다.

아이를 키우기가 힘든 이유는 누구나 처음 가는 길이기 때문입니다. 부모의 몸을 빌려 세상에 나왔지만 아이는 부모와 매우 다릅니다. 같은 부모, 같은 집에서 똑같은 음식을 먹고 자라온 우리 집 두 남매도 아주 다릅니다. 그래서 첫 아이와의 관계에서는 유효했던 방법이 둘째 아이에게는 효과가 없기도 했습니다. 정해진 답이 없으니 아이와의 관계 속에서 소통하며 함께 해결해나갈 수밖에 없습니다. 그래서 모든 순간순간이 소중한 기회입니다.

부모 모임에 가면 꼭 빠지지 않는 질문이 있습니다.

"아이가 평소에는 아주 잘 노는데 공공장소에서 울고 떼쓰기 시작하면 감당이 안 돼요. 어떻게 하나요?"

아이가 공공장소에서 떼를 쓰면 부모는 더더욱 힘들어지지요. 주변의 시선에 한없이 나약해질 수밖에 없습니다. 그럴 때는 다른 사람들은 없다고 생각하는 것이 좋습니다. 오직 내 아이에게 집중하고, 부모가 원래 하려고 했던 일을 차분하게 계속해나가는 것이 중요합니다. 아이를 바로잡겠다고 야단치고 화를 내면 속상한 감정의 파도가 바깥으로 드러난 만큼 내부도 깊은 상처를 입습니다. 아이에게만 상처를 주는 것이 아니라 혼내고 소리 지른 부모에게도 상처가 오래 남습니다.

아이들은 연약한 존재이기도 합니다. 부모의 무심한 말 한마디에 얼음장처럼 차가워질 수도 있고, 사려 깊고 따뜻한 말 한마디에 세상을 다 가질 수도 있습니다. 방황과 실수, 시행착오가 용납되지 않는 각박한 사회에서 무력감에 빠지기 쉬운 아이들을 너그러이 포용해주고 든든한 버팀목이 되어주는 것, 어쩌면 부모만이 할 수 있는 일이지 않을까요?

그러기 위해서는 힘들더라도 우선은 나의 부족함을 받아들이고 나를 껴안아주어야 합니다. 내가 힘든 부분을 솔직하게 드러내는 데서부터 타인과의 교감과 소통이 이루어집니다. 부모 스스로가 처음부터 끝까지 모든 걸 다 해야 하고 완벽하게 할 수 있다는 생각부터 과감히 내려놓고, 힘들 때는 주위에 도움도 청해야 합니다. 가까운 이웃이 주변에 있어 도움을 주고받을 수 있다는 것만으로도 얼마나 감사한 일인가요?

완벽한 부모가 되려고 노력하기보다는 지금 그대로 최선을 다해 아이를 이해하고 사랑하는 순간들을 더 많이 만들어주세요. 그럼 아이들은 힘겨운 상황에서도 앞으로 나아갈 수 있는 용기를 얻고 회복탄력성이라는 열매를 더 많이 맺으며 성장할 테니까요.

새로운 발견, 깨달음의 시간
— 나의 바이오그래피 그리기

당신의 생각을 지켜보라. 생각은 말이 된다.
당신의 말을 지켜보라. 말은 행동이 된다.
당신의 행동을 지켜보라. 행동은 습관이 된다.
당신의 습관을 지켜보라. 습관은 인격이 된다.
당신의 인격을 지켜보라. 그 인격은 당신의 운명이 된다.
_마하트마 간디

엄마들이 한자리에 모여 각자 자기 인생을 7년 주기로 돌아보며 솔직하고 담담하게 바이오그래피를 작성해보았습니다. 그 자리에 모인 모두가 감동을 자아내는 휴먼 다큐 한 편의 아름다운 주인공이었습니다. 겉으로는 드러나지 않지만 내면에 있는 많은 아픔이 봇물 터지듯이 쏟아져 나왔습니다. 또한 각자의 삶에서 반복되는 패턴을 발견하는 시간이기도 했습니다.

그때 들었던 한 엄마의 이야기가 생각납니다.

"제 앞에 놓인 것들은 필연적인 운명에 의한 것이니 회피하지 말고 긍정적인 마음으로 대해보자는 생각이 저절로 들었습니다."

사전 작업으로 집에서 각자 충분한 시간을 갖고 옛날 사진첩들을 찾아보면서 잃어버린 추억들을 떠올려보는 시간을 가졌어요. 그리고 7년 주기마다 '나의 인생 사진'이라고 할 수 있는 사진을 한 장씩 뽑아 왔습니다. 둘씩 짝을 지어 서로 사진에 대한 이야기를 나누었어요. 그러고 나서는 여러 사람 앞에서 한 사람씩 짝꿍의 바이오그래피를 소개하는 시간을 가졌습니다.

한 사람 한 사람의 삶이 참 독특하고 아름다웠습니다. 여러 우여곡절을 거쳐 그 자리에 함께 모여 있다는 사실이 그저 감사했습니다. 각각의 서사시 같은 바이오그래피를 듣고 나서는 서로의 눈을 한참 바라보았습니다. 마지막으로 서로에게 주고 싶은 선물에 관해 이야기를 나누었어요. 그때 나온 이야기들입니다.

"저는 이 엄마에게 무대를 선물해주고 싶어요! 외형적인 모습은 아주 연약해 보일 수 있는데 내면에는 힘찬 에너지가 있는 게 느껴져요. 에너지를 발산할 수 있는 무대를 선물할게요."

"저는 이 엄마에게 너그러움을 선물해주고 싶어요. 다른 사람들에게는 하염없이 관대한데 스스로에게는 너무 가혹하게 구는 것 같아요. 본인의 부족함을 받아들이고 자신을 좀 더 관대하게 포용하면 좋을 것 같아요."

"저는 이 엄마에게 친구를 선물해주고 싶어요! 건강한 삶에 대한 가치를 함께 공유하며 키워나갈 수 있는 좋은 친구를 선물해주고 싶어요."

부모에게 종종 찾아오는 힘든 순간은 내 안에 꼭꼭 숨겨져 있던 '상처받은 내면의 아이'를 직면할 때입니다. 아이를 키우면서 불쑥불쑥 나의 어린 시절을 돌아보게 되고, 그때 받았던 상처나 공감을 얻지 못했던 기억들이 분출되면서 더욱 힘든 과정을 겪게 되지요. 때로는 무어라 설명할 수 없을 정도로 힘들어 절망에 빠진 채 한없이 비참해지기도 합니다. 그러나 한편으로는 부모로서 한 번은 거쳐야 할 관문이자 소중한 기회라고도 여겨집니다. 부모가 되어 아이를 키우면서 어린 시절로 돌아가 내면의 상처를 치유할 기회를 얻게 된 것이지요.

그렇게까지 화낼 일도 아닌데 지나치게 아이에게 짜증을 내고 있다면 잠깐 멈추고 어린 시절에 내가 상처를 받은 기억이 있는지를 살펴보는 것이 중요합니다. 뿌리 깊게 박힌 상처들을 맞닥뜨리고, 해결하려는 의지를 막는 요인들은 무엇인지 곱씹어봅니다. 받아들이기가 쉽지는 않겠지만, 고통 없이 이루어지는 것도 없습니다. 힘든 과정이지만 용기 내 직면하기 시작하면 똑같은 상처가 아이에게 대물림되는 것을 막을 수 있습니다. 또한 아이와의 관계 속에서 나를 발견하고 다듬어가는 과정이기도 합니다. 부모와 아이가 건강하게 나아가는 길입니다.

아이를 키우는 일은 나 자신을 돌아보는 과정이기도 합니다. 혼자 하기는 힘들었을 바이오그래피 작업을 여럿이 함께하면서 우리는 울고 웃으며 삶의 지혜를 깨달을 수 있었습니다. 우리는 각자 부모이기 전에 한 사람으로서, 아이들 앞에 서 있는 지금의 내 생각과 감정은 어떠한지, 나는 어떻게 살고 있는지, 앞으로 어떻게 살고 싶은지 돌아보았습니다. 까마득히 잊고 있었던 나의 꿈과 좋아하는 일을 새로이 발견하기도 했고, 새로운 희망을 찾기도 했습니다.

바이오그래피 작업은 제게도 커다란 전환점이었습니다. 아이를 이해하고 관찰하기에 앞서 나(부모)의 내면을 만나기 위해 인생 주기를 들여다보고, 함께 공부하는 사람들과 서로의 삶을 나누는 바이오그래피 작업이 일상생활의 의미와 가치를 느끼는 큰 계기가 되어주었습니다. 그때까지만 해도 어린 두 남매를 키우느라 바쁘게만 지냈던 저는 바이오그래피 작업을 통해 비로소 지난 제 삶을 돌이켜볼 수 있었어요. 삶을 객관적으로 조망하며 내가 어떤 사람인지, 언제 행복해하고 언제 힘들어하는 사람인지를 파악하게 되자 두 아이를 대하는 데에도 여유가 생겼지요. 감정적으로 반응하려는 스스로를 토닥이고, 내가 편안한 상태가 될 때까지 기다리는 여유도 생겼습니다. 덕분에 매일의 생활이 안정화되면서 우리 가족의 일상생활은 더욱 꼼꼼하게 풍부해져갔습니다.

내 아이를 잘 키우기 위해서는 부모가 먼저 나 자신을 사랑하고 스스로를 바로 세워야 합니다. 하루에 단 10분이라도 온전히 나만

바이오그래피와 소셜아트 워크숍에서 진행했던
'나의 삶을 표현해주는 엽서 고르기' 시간

아이를 잘 키우기 위해서는 부모가 먼저
자신을 사랑하고 바로 세워야 합니다.
하루에 단 10분이라도
온전히 나만을 위한 시간을 만들어주세요.
나의 몸과 마음을 보살피고
돌아보는 시간을 마련해주세요.

을 위한 고요한 시간을 만들어 몸과 마음을 보살피고 돌아보는 시간을 마련하면, 나에게 깃드는 소소한 행복을 만들어 즐길 수 있게 됩니다. 더불어 가족이 함께 소중한 순간들로 일상생활을 풍요롭게 가꾸어나갈 수 있게 됩니다.

제가 경험한 '나만의 바이오그래피 그리기'를 나누어볼게요. 여러분이 자유롭게 혼자서도 '나만의 바이오그래피 그리기'를 하며 자신을 돌아볼 수 있기를 희망합니다. 어린 시절 숨은그림찾기를 할 때 매번 새로운 것을 발견했던 것처럼 저는 바이오그래피를 작업할 때마다 까마득히 잊고 있던 사실을 새롭게 발견하게 되었습니다. 미처 깨닫지 못하고 있던 반복되는 삶의 패턴을 발견하기도 하고요. 바이오그래피 작업은 '내 안에 잠재된 또 다른 나의 모습'을 새롭게 일깨워주기도 합니다.

또한 나와 원부모(나의 부모)의 관계가 어땠는지도 살펴보았으면 합니다. 물론 쉬운 일이 아닐 수도 있습니다. 묻어두었던 기억을 되살려 내 안에 치유되지 않은 아픈 상처를 들추어내고 '울고 있는 나'를 받아들여야 하는 힘겨운 과정이 될 수도 있습니다. '스스로를 바라볼 때는 원시 안경을 쓰고, 타인을 바라볼 때는 근시 안경을 쓰고 본다'는 말이 있습니다. 그만큼 자기 자신의 내면에 대한 관찰은 적고, 다른 사람의 흉을 보는 데 익숙하다는 것이지요. 자연의 힘이든 사랑이나 분노의 힘이든 차곡차곡 쌓이다 어느덧 그 정점에 이르면 모여 있던 힘이 한꺼번에 분출되는 시점이 오기 마련입니다.

무언가 차곡차곡 쌓여 있을지 모르는 내 마음을 알아채고 치유하는 일에서부터 아이와의 행복한 관계가 시작됩니다. 나와 원부모의 관계를 돌아보고 재정립하는 과정에서 우리의 상처를 치유할 수 있는 길이 열릴 것입니다.

나의 바이오그래피 그리기

1. 어린 시절 돌아보기

만 7세 무렵 편안함을 느꼈던 장소를 떠올려보세요. 그 장소에서 기쁘게 했던 일 가운데 기억나는 일을 3개 정도 크레용으로 단순하게 그려봅니다. 그리고 다음과 같은 순서로 정리해봅니다.

- 그 일이 언제 어떤 장소에서 일어났는지, 함께한 사람들은 누구였는지 등 주변을 구체적으로 생생하게 떠올려봅니다.
- 떠오른 사건을 주관적으로 해석하지 말고 객관화하여, 감각적으로 소리나 냄새를 떠올리며 탐구해봅니다. 가능한 한 무심한 눈으로 거리를 두고 바라봅니다.
- 그때 느꼈던 감정 등 당시의 내면을 떠올려봅니다.
- 그 사건이나 경험에서 현재 나의 모습과 연관되는 것이 있는지 살펴봅니다. 그 장소나 경험이 왜 각별하게 느껴지는지, 그때 누구를

가장 좋아했는지 등 떠오른 사건이나 경험의 의미를 곱씹어봅니다.

2. 같은 방법으로 아래의 질문에 답을 하며 정리해보세요.

- 어린 시절 부모와의 관계가 어땠나요?
- 만 9세 무렵, 기억할 만한 특별한 장소나 경험이 있었나요?
- 가족이 함께 여행한 곳 가운데 특별히 기억나는 곳이 있나요?
- 당신의 청소년기에 가장 큰 영향력을 준 사람은 누구인가요?
- 당신의 잠재력을 처음으로 발견해주고 이끌어준 사람은 누구인가요?
- 책의 저자나 주인공, 역사 인물 가운데 만나고 싶은 사람이 있나요?
- 오랫동안 큰 영감을 준 예술 작품이나 철학이 있나요?
- 당신의 인생에 큰 변화를 준 사고나 질병이 있었나요?

엄마 아빠가 되기까지
- 부모의 바이오그래피 그리기

어떤 남자와 여자도 결혼하고 25년이 지날 때까지는
완벽한 사랑이 무엇인지 진정으로 알 수 없다.
_마크 트웨인

어느 봄에 겪은 일입니다. 남편과 집 근처 공원을 산책하던 중 한 노부부를 만났습니다. 80세는 족히 넘어 보이는 할머니는 산소호흡기를 착용하고 있었습니다. 남편으로 짐작되는 할아버지가 한 손으로는 할머니가 탔던 휠체어를 밀고, 다른 한 손으로는 할머니를 부축하며 걸어가고 있었어요. 남편과 저는 서로 약속도 하지 않았는데 그 자리에 서서 한참 동안 그분들을 지켜보았습니다. 결혼식 때 주고받는 덕담인 '검은 머리가 파뿌리가 될 때까지 행복하게 잘 살아라' 하는 말이 어떤 의미인지, 옛이야기의 결말에 등장하는 '그 뒤로 두 사람은 오래오래 행복하게 살았답니다'의 의미가 무엇인지 새삼 깨닫게 하는 순간이었지요. 조심스럽게 한 발짝 한 발짝, 아주 천천히 앞으로 나아가던 노부부의 모습이 지금도 잊히지 않습니다.

두 젊은 남녀가 만나 사랑을 하고 결혼을 합니다. 그 후 간절한 기다림 속에 잉태 소식을 알게 되면 두 사람은 부모로서의 인생을 시작하게 됩니다. 20여 년의 세월이 흘러 아이가 장성하고 나면 두 남녀는 저희가 보았던 그 노부부처럼 다시 단둘의 여생을 살아가게 됩니다. 아이와 함께하는 20여 년의 시간은 사랑하는 두 사람 사이에 깃드는 축복과도 같은 시간이지요. 한정된 시간인 만큼 귀한 그 시간을 의미 있게 보내기 위해서는 어떻게 해야 할까요? 아이를 낳기 전부터 어떻게 키우고 싶은지에 대해 부부가 함께 공부하고 나누는 시간을 충분히 가지면 가질수록 좋겠지요.

주변 엄마들과 재미난 경험을 해보았습니다. 오랜 시간 조산원으로 일했던 라히마 선생님의 안내로 엄마들이 둘씩 짝지어 출산의 경험을 새롭게 체험해보는 시간을 가졌습니다. 한 사람은 아이가 되고 한 사람은 엄마가 되어 출산할 때의 자세를 취하고, 함께 숨을 들이마시고 내쉬며 출산을 재현해보는 시간을 가졌어요.

엄마의 자궁이 수축과 이완을 반복하는 동안 엄마와 아이는 둘 다 힘든 시간을 보냅니다. 아이가 된 사람은 함께 숨을 들이쉬고 내뱉으며 태아가 엄마의 좁은 산도를 통과하는 과정을 추체험하게 됩니다. 출생 과정은 엄마의 아늑하고 포근한 자궁 안에 있던 아이가 그동안 자기를 둘러싸고 있던 여러 보호막들을 하나씩 벗어나는 과정입니다. 아이는 엄마의 자궁 수축으로 물리적 공간이 점점 좁아지는 상황에서 바깥세상으로 나오는 중력을 경험하게 됩니다. 상상 속에서 함께 체험했을 뿐인데도 그 순간 우리는 그 공간 전체가 따뜻하고 밝은 빛에 둘러싸인 듯한 느낌을 받았습니다. 마치 아이의 첫울음을 듣는 순간 느꼈던 생명의 환희, 충만감 같은 것이 그대로 재현되는 듯했지요. 이 체험 이후에 엄마들은 가슴 벅차하며 이런 후기를 들려주었습니다.

"흔히 엄마들이 말 안 듣는 아이들에게 말하잖아요. '내가 너 낳으려고 얼마나 고생했는데, 왜 이렇게 말을 안 듣는 거야?'라고요. 불평하고 짜증을 내면서요. 그런데 처음으로 아이의 위치에서 출산을 경험해보니 아이 또한 엄마 못지않게 죽을힘을 다해 애썼겠구나, 내 아이에게도 엄청 힘든 고통이었겠구나, 하는 것을 깨닫게 되었습니다. 지금까지 전혀 생각하지 못했던 새로운 깨달음이에요. 갑자기 내 아이에게 눈물 날 만큼 고맙다고 말하고 싶어졌습니다."

"대학교에서 출산 과정에 대한 강의를 들은 적이 있지만 그때 머리로 이해했던 내용과는 아주 다른 경험이에요. 정말 감동이에요."

"남편도 함께해보면 너무나 좋겠어요. 아빠들이 출산 교실에서 이러한 경험을 직접 체험해보고 나눌 수 있다면 얼마나 좋을까요?"

캠프힐* 설립자이자 오스트리아의 소아과 의사인 카를 쾨니히Karl König 박사는 "탄생이란 사람의 잠자는 의식이 깨어나는 의식으로 변하는 것이다. 아이는 크고 무한한 영원의 공간에서 망각의 강을 건너 시공간과 중력의 영향을 받는 세계로 온다"라고 표현한 바 있습니다. 아이가 태어나기 전부터 아이의 입장과 경험을 이해하고자 하는 노력은 출산 이후에 다가오는 육체적·심리적 어려움을 극복하는 힘이 되어주기도 합니다. 이 과정을 부부가 함께한다면 더할 나위 없이 좋겠지요.

부부가 함께하면 좋을 생활예술 활동을 몇 가지 제안해봅니다.

부부가 함께하면 좋을 생활예술 활동

* 어린 시절(9세, 12세 무렵) 즐겨 놀았던 장소를 구체적으로 떠올리며 파스텔이나 크레용으로 그려보고 함께 나누기
* 나의 뿌리, 원가족과의 관계 되돌아보고 그림으로 그려보기
* 처음 임신 사실을 알았을 때, 아이의 첫울음을 들었을 때의 경험을 떠올려보고 함께 나누기
* 아이와 함께 해나가고 싶은 희망 리스트 작성해보기
* 미래에 대한 소망을 담은 그림을 함께 그리고 식탁 옆에 걸어놓기

* 캠프힐은 장애인과 비장애인이 협력하여 도움을 주고받는 생활 공동체이다. 1939년 영국 스코틀랜드에서 최초로 설립되었으며 현재 세계 각국에서 100여 개의 공동체가 운영되고 있다.

부모 상담을 하다 보면 부모님들의 걱정은 하나의 질문으로 수렴되곤 합니다.

"아이들을 어떻게 키워야 잘 자랄지 걱정이에요."

그럴 때 저는 우선 이렇게 말씀드립니다.

"걱정하지 마세요! 부부 사이가 좋으면 아이들은 잘 커나갑니다. 아이는 지금 커나가는 과정이니 기다릴 줄 아는 부모가 되어주세요. 아이들이 어떤 학교에 다니더라도, 최초이자 최후의 학교는 부모의 교육 철학이 있는 가정이란 사실을 잊지 마세요."

저는 부부 사이의 금슬이 좋으면 아이들은 응당 건강하고 행복하게 커나갈 수 있다고 생각합니다. 그래서 늘 엄마들에게 아이에게 너무 집중하지 말고 남편과 사이좋게 잘 지내라고 부탁합니다. 갈등과 긴장이 전혀 없는 완벽하고 평화로운 집은 불가능하며, 건강하지도 않다고 생각합니다. 부부는 사랑의 완성을 향해 함께 살아가는 것이니까요. 결혼생활은 서로를 편안하게 해주지는 못해도 행복하기 위해 끊임없이 노력해나가는 과정입니다. 집에서 엄마 아빠가 서로를 존중하는 태도, 책임감 있는 태도를 보여주면 아이들은 부모를 보며 세상에서 새롭게 만날 사람들과 어떻게 관계 맺는지를 배우고 경험하게 됩니다.

지금 육아로 매우 힘든 상황이라면 그 짐을 홀로 짊어지려고 하지 마세요. 나의 배우자와 나누어야 합니다. 처음으로 임신 소식을 접한 순간부터 출산 때까지 어떤 경험을 했는지 함께 되돌아보고 나눌 수 있는 바이오그래피 활동 시간을 충분히 가져보시길 바랍니다. 그리고 출산 후 아이가 자라는 동안 찍었던 사진이나 육아 일기, 감사 일기를 읽어보며 소중한 추억들을 다시 음미해보는 시간을 가져보세요. 아이의 성장과 함께 엄마, 아빠로서 어떤 변화와 성장을 겪어왔는지 돌이켜보는 시간을 갖다 보면, 육아를 힘겹게 만드는 문제 상황을 돌파할 수 있는 마음의 에너지를 얻게 될 것입니다.

'아이를 낳아봐야 어른이 된다'는 옛말처럼 부모들은 아이를 낳고 키우면서 비로소 누군가를 위해 희생하며 진정한 어른으로 성장해나가는 계기를 마련합니다. 출산과 양육이 어른이 되는 단 하나의 길은 아니지만, 저에게는 그 길이 인생의 어떤 통과의례들보다 희생과 헌신의 가치를 깊고 진하게 성찰할 수 있는 계기를 마련해주었습니다. 우리에게 온 아이들은 우리를 성장시키기 위해 찾아온 아주 소중한 선물이니까요.

추억이 쌓이면 행복도 쌓인다

인생에 주어진 의무는 다른 아무것도 없다네.
그저 행복하라는 한 가지 의무뿐.
우리는 행복하기 위해 세상에 왔지.
_헤르만 헤세

아이들과 함께한 소중한 체험들은 시공간을 훌쩍 뛰어넘어 오랜 시간이 흘렀어도 그 순간을 다시 떠올리게 해주고, 둥근 보름달처럼 우리의 마음을 밝고 환하게 비춰줍니다. 저희 가족은 지난 20여 년 동안 가족신문을 만들어왔어요. 가족신문은 우리의 삶을 확인하고, 기록하고, 또 그것을 나누는 실험의 장이었습니다. 무심코 지나칠 수 있는 순간들도 기록을 거치면서 아주 특별한 추억이 되었습니다.

1994년 여름, 어머니 회갑을 앞두고 뜻깊은 선물을 찾던 남편이 문득 가족신문을 만들자고 제안한 것이 시작이었습니다. 생각지도 못한 제안이었지만 금세 모두의 뜨거운 환영을 받았지요. 성대한 회갑연 대신에 조촐한 축하연을 하고 가족신문의 창간호를 만들었습니다. 창간호의 반응이 좋아 곧이어 다음 호도 만들게 되었어요. 그 뒤로 1년에 2~3호씩 계속 나오면서 가족신문 발행은 우리 가족의 문화로 자리 잡았습니다.

가족신문은 우리 가족이 서로 진솔한 대화를 할 수 있게 해주었습니다. 만약 남에게 보여주는 신문이었다면 은연중에 우리의 못나고 아픈 부분을 감추어 서로를 이해하고 소통하는 데 도움이 되지 못했을 것입니다. 하지만 가족들만 보는 가족신문이기 때문에 각자 있는 그대로 속마음을 드러내며 자유롭고 편안하게 글을 쓸 수 있었습니다. 꾸밈없이 서로의 생활을 나누는 글들이었습니다.

신문 이름은 남편 가족의 고향 이름을 딴 〈가랫골 우리 집〉입니다. 가족신문은 미국, 서울, 강릉, 부산, 청주에서 살아가는 우리 가족 3세대 간의 소통과 나눔의 장이 되었습니다. 부모님, 남편의 6남매 부부, 아이들 12명이 함께 참여해 특집 기획을 마련하고, 삶의 다양한 주제들을 깊이 있게 나누었어요. 멀리 떨어져 살아가면서도 삶에 대한 고민을 나누고 따뜻한 관계를 이어가려는 노력이었습니다. 때때로 친구와 이웃이 참여하는 '열린 가족, 열린 마음' 코너도 만들어 우리 주변 사람들의 삶도 함께 나누었습니다.

가족신문 간행의 일등 공신은 아버님이었어요. 편집장인 남편이 다음 호 기획을 제안하면 늘 아버님의 원고가 첫 번째로 도착했습니다. 놀라운 필력에 분량도 항상 수십 장에 달했습니다. 당시 아버님은 교직에서 은퇴하고 고향에 내려가 농사를 짓고 있었습니다. 아이들은 농사짓는 할아버지와 할머니를 자랑스러워했고, 그 모습을 그려 선물로 드리기도 했지요. 아이들은 할아버지의 어릴 적 이야기는 물론, 옛날이야기와 선대 어르신들의 삶 이야기도 무척 좋아했습니다.

편집장인 남편은 매호 편집을 마무리할 때면 밤샘 작업을 하기도 했습니다. 저와 아이들은 인쇄 전 따끈따끈한 글을 먼저 읽는 행운을 누릴 수도 있었지요. 한국에서 인쇄된 신문이 국제우편으로 도착한 날이면, 산타 할아버지에게 선물이라도 받은 것처럼 기뻐하며 온 가족이 둘러앉아 소중하게 함께 읽었습니다. 아이들이 쓴 글은 아이들이 읽고, 제가 쓴 글은 제가 읽고, 남편이 쓴 글은 남편이 읽었습니다. 다른 가족이 쓴 글들도 다 나누어 읽었지요. 그렇게 며칠에 걸쳐 가족신문을 읽으며 우리 가족은 참으로 행복했습니다.

기억나는 일이 하나 있습니다. 어느 화창한 일요일 오후였어요. 저희 부부와 솔이가 마감을 지키느라 가족신문에 낼 원고를 열심히 쓰고 있을 때였습니다. 우리를 지켜보던 여덟 살 현이가 갑자기 종이에 그림을 그리기 시작했습니다. 자기가 제일 하고 싶은 일 열 가지를 그림으로 그리고는 원고라며 내밀었습니다. 발도르프 학교에 다니던 아이들은 초등학교 3학년까지 글을 잘 쓸 줄 몰랐기 때문에 제가 대신 아이의 이야기를 받아 적기도 했습니다. 현이가 처음으로 낸 원고였어요. 우리 셋은 깔깔 웃으며 현이가 그린 그림의 의미를 알아맞히려고 애썼습니다. 오랜 시간이 흘렀어도 잊히지 않는 재미있는 추억으로 남았네요.

이뿐만 아니라 매호 특별 주제가 재미났습니다. '우리 집 일요일 아침의 풍경' '3세대인 어린 고슴도치들이 부모들에게 제일 듣고 싶은 말, 제일 듣기 싫은 말은?' '남편들에게서 보이는 시아버님 모습' '우리 부모님이 내 나이였을 때 이야기 듣고 쓰기' 같은 세대 간의 여러 경험도 나누었어요.

가족신문은 언제나 독자의 위치에서 신문을 봐왔던 우리를 주인공으로 만들어주었습니다. 직접 참여하고 기록하며 우리 가족의 역사를 재창조하는 문화적 경험이기도 했습니다. 서로를 이해하기 위해 시작한 일상의 기록이 모여 결국 우리 가족의 역사가 된 것입니다. 아이들을 키우며 겪은 크고 작은 이야기 가운데 일부는 까마득히 잊히는데, 20여 년의 기록인 가족신문을 창간호부터 쭉 펼쳐보면 모든 일이 어제의 기억처럼 생생히 되살아납니다. 다시 펼쳐보니 우리 가족과 함께해온 이웃들과의 소중한 기록도 많이 담겨 있네요. 언젠가 온 식구가 모이면 다시 하나씩 펼쳐보며 이야기를 나누고 싶습니다.

가족신문 만들기를 20여 년 동안이나 계속할 수 있었던 동력은 다른 무엇보다 서로의 진솔한 생활을 나누며 느끼는 삶의 보람과 즐거움이었습니다. 신기하게도 즐거웠던 추억은 힘들었던 추억보다 훨씬 오래 여운을 남기나 봐요. 귀찮고 힘들더라도 가족들이 함

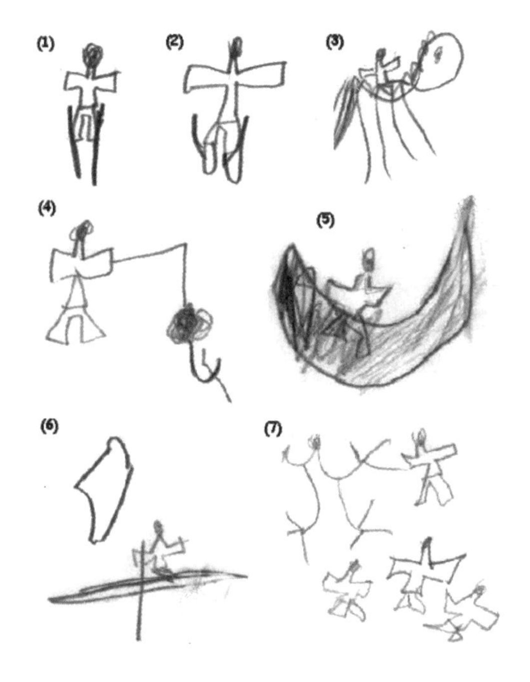

가족신문에 실린 현이의 '내가 하고 싶은 일'

가족신문은 우리의 삶을 확인하고, 기록하고,
또 그것을 나누는 실험의 장이었습니다.
무심코 지나친 순간들도
기록을 거치면서 아주 특별한 추억이 되었습니다.

께 즐거움을 느낄 수 있는 일이 있다면 그 일을 오랫동안 꾸준히 하시면 좋겠습니다. 훗날 저희 가족의 가족신문처럼 소소하지만 행복한 추억으로 오래 남을 거예요.

아무것도 아닌 것이 아무것이더라

산다는 것은 믿을 수 없을 만큼 단순한 것이리라.
매우 일상적이고 비밀스럽지 않으며
매일 매시간이 그렇듯 아주 평범한 것.
우리는 이렇게 단순한 것이 삶이라고 믿지를 못하며
삶을 느끼지도 깨닫지도 못한 채 수천 년을 지나쳐왔다.
_도스토옙스키

오랜만에 겨울방학을 맞아 집에 온 둘째 현이와 단둘이 점심을 먹게 되었습니다. 믿기지 않을 만큼 부쩍 큰, 이제는 20대가 된 아들과 함께 즐거운 시간을 보냈습니다. 그러다 문득 이런 대화가 이어졌어요.

"엄마, 우리 집에서 가장 행복한 사람이 누구인지 아세요?"

"누군데?"

"엄마요!"

"정말 그럴까? 왜 그렇게 생각해?"

"엄마는 늘 긍정적이고 즐겁게 생활하는 것 같아요. 친구도 잘 사귀고, 항상 친구도 많고요. 새로운 일도 잘 시작하고요."

"현이도 주어진 환경에 만족하면서 편안하고 행복하게 생활하는 것 같은데? 너도 어렸을 때 별명이 '해피 보이'였어. 그런데 현아, 그거 아니? 엄마가 행복한 이유는 기대치가 그리 높지 않아서인 것 같아. 기대치가 높지 않아서 지금 우리가 사는 집, 주변의 자연환경, 모두 있는 그대로 감사하고, 아주 작은 일에서도 즐거움을 찾게 되지. 누군가는 소박한 꿈이라고 할지라도 나는 여전히 단순하고 소박한 일상이 좋아! 그런데 상대적으로 너희들은 무슨 일이든지 기대치가 아주 높은 것 같아."

"그렇게 보이세요?"

"지난번에 솔이랑 외식할 때, 엄마 같으면 가까운 곳에 가서 간단히 먹어도 만족하겠는데 솔이는 식당 하나도 인터넷으로 한참을 열심히 찾더라고. 그렇게 찾은 곳이 거리가 멀었는데도 찾아가서 먹고 말이야. 여행할 때도 계획을 철저히 다 세워놓더라고."

"저희는 만족할 수 있는 결과를 보고도 '좀 더 잘할 수 있었는데' 하고 아쉬워하는 편이긴 해요. 목표를 크게 세워두고 더 최고의 것, 더 완벽한 것을 그리는 것 같아요."

오랜만에 아들과 대화를 나누며 가만히 저를 돌아보게 됐습니다. 한때는 아이들의 행복보다 나의 행복과 사회적 성취를 더 중요하게 생각했고, 그래서 아이를 낳고 욕심을 내려놓기까지 여러 진통도 있었습니다. 그런데 이상하게도 막상 아들에게 '엄마가 우리 집에서 가장 행복한 사람'이라는 말을 들으니 마냥 기쁘지만은 않았어요. 나보다 아이들이 더 행복하기를 바라고 남편이 더 행복하기를 바라게 되는 요즘입니다. 똑같이 행복하면 더할 나위 없겠지만 가족을 위해 조금 희생해도 된다는 생각이 들 때도 있고요. 그것이 한편으로는 마음 편하기도 하지요.

그런데 참 다행입니다. 저의 부족한 모습을 아이들에게 안 들킨 것 같아서요. 그렇지만 왜 모르겠어요. 당연히 아이들도 눈치채고 알았겠지요. 아이들은 부모의 부족한 모습을 보고도 잘도 용서해주었습니다. 옛날에도 그랬고, 지금도 그렇습니다.

현이와 솔이는 어린 시절을 35세, 30세에 뒤늦게 학생이 된 부모와 함께 보냈습니다. 가진 것 없이 낯선 곳(미국)에 온 저희 부부는 처음 10여 년 동안은 학생으로서의 책임과 부모로서의 책임을 함께 져야 했고, 생존이 우선인 생활을 했습니다. 한동안 가계 지출에서 가장 큰 항목도 식비였어요. 두 남매는 언어의 장벽과 한계를 마주하면서 고군분투하는 부모의 모습을 지켜보며 자라났습니다. 한 가지 다행스러운 점은 저희 부부가 아이들의 보편적인 발달 과정에 대해 공부한 덕분에 서둘러 공부를 마치기에 급급하기보다는 아이들과 함께 놀고 집안일을 같이하는 시간을 많이 가졌던 것입니다.

어린 시절의 경제적 결핍이 아이들에게는 오히려 '부모에게 의존해서는 안 되겠구나' 하는 깨달음으로 작용해 독립심을 키우는 토양이 된 것 같습니다. 경제적으로 풍족하지 않아도, 사회적으로 대단한 성취를 이루지 않아도, 주어진 생활에 감사하고 작은 것에도 행복해하며 소박하고 단순하게 일상을 꾸려가던 저희의 모습이 두 남매에게 안정감이라는 큰 선물을 안겨줬던 게 아닐까 하는 생각도 듭니다.

지난날을 떠올리며 얼마간 생각에 잠겼다가 다시 아들과 대화를 이어나갔습니다.

"네 생각에 엄마가 가장 잘하는 일은 뭐인 것 같니?"

현이는 한 치의 망설임도 없이 대답해줍니다.

"엄마는 주변 사람들의 시선에 개의치 않고, 엄마가 좋아하는 일이라면 그 일을 하고요. 남들이 가지 않는 길이라고 해도 씩씩하게 걸어가잖아요. 그게 엄마가 제일 잘하는 일이죠. 엄마가 좋아하는 발도르프 교육도 사실 소수가 선택하는 교육인데, 엄마는 그 길을 걸어가면서 우릴 키워냈잖아요."

"응, 그랬지."

"지금 사는 집도 보통 집처럼 수돗물을 쓰지 않고, 빗물을 받아 쓰는 집이라 솔직히 불편한데, 엄마 아빠는 소신대로 그렇게 불편을 감수하며 사시는 거고요. 사실 저는 우리가 볼더에 살 때, 엄마 아빠가 산 위의 폐허가 된 집을 사서 대공사를 하고 거기에 사는 게 이해되지 않았어요. 왜 그런 고생을 하실까 생각했거든요. 하지만 결국은 그게 두 분이 선택한 인생이고 좋아하는 일이라고, 그렇게 받아들였어요."

"그래, 현아. 고맙구나."

"새로운 일에 선뜻 도전하는 그 낙천성을 어릴 때는 잘 이해하지 못했어요. 그런데 지금은 저도 그 능력을 키우고 싶고 배우고 싶어요, 엄마."

그동안 우리 부부는 아이들에게 의도적으로 일상생활과 동떨어진 무언가를 애써 가르치려고 노력해본 적이 없습니다. 외국에 살면서 마주하게 된 언어 장벽을 받아들이고, 우리가 선택한 '유랑하는 정착민Nomadic Settlers'이라는 삶의 조건에서 매 순간 최선이라고 판단되는 일을 선택했습니다. 그리고 일상생활을 가능한 한 단순하고 소박하게 꾸리며 살아왔습니다. 아무것도 아닌 것을 아무것이라고 여기면서 매일을 살아오다 보니, 아이들도 부모가 선택한 일상의 모습을 자연스럽게 받아들이며 작고 단순한 행복을 맛볼 줄 알고, 독립적인 성인으로 자라날 수 있었던 것 아닐까 생각해 봅니다.

Interview

이웃 나라 할머니의 지혜, 다시 엄마 이야기

풍성한 일상을 위한 라히마 선생님의 제안

라히마 볼드윈 댄시

(라이프웨이스 교육예술가, 《당신은 당신 아이의 첫 번째 선생님입니다》 저자)

라히마 볼드윈 댄시Rahima Baldwin Dancy는 국제 비영리단체인 '인폼드 패밀리Informed Family'의 설립자이고, 북아메리카 지역 '라이프웨이스LifeWays'의 운영위원으로 오랫동안 활동한 교육예술가입니다. 훌륭하게 성장한 네 자녀의 어머니이자 라이프웨이스 코리아를 운영하고 있는 저의 멘토이기도 합니다.

세계적으로 신생아부터 만 6세까지의 아이들을 위한 양육서로 잘 알려진 《당신은 당신 아이의 첫 번째 선생님입니다》를 어떤 동기로 집필하게 되었는지 궁금합니다.

조산원으로서 수많은 아이의 탄생 과정을 지켜보며 자연스럽게 출산 과정을 이해할 수 있었습니다. 그러나 막상 내 아이를 어떻게 양육해야 하는지는 잘 몰랐어요. 아이들의 발달 과정에 관한 이해도 부족했습니다. 아이를 어떻게 키워야 할지 몰라 참 많이 당황하기도 했지요.

저 역시 아이들을 키우면서 수많은 실수를 하고 시행착오를 겪었습니다. 어느 날 두 살짜리 아들이 제게 "나쁜 엄마Bad Mother"라고 말해 큰 절망감에 빠진 적도 있어요. 그러다 뒤늦게 아이들의 발달 과정에 대한 루돌프 슈타이너의 통찰과 발도르프 교육을 공부하기 시작했습니다. 아이들의 발달 과정과 기질에 대한 이해의 폭이 넓어졌고, 그게 제 삶에도 큰 전환점이 되었어요. 제가 새롭게 깨달은 내용을 다른 엄마들과 나누기 위해 책을 쓰게 되었습니다.

미국에 처음 발도르프 교육이 소개되었을 무렵에는 '독일식 발도르프' '발도르프식'이 현지 문화에 대한 이해 없이 형식적으로 강요되기도 했습니다. 하지만 저는 좀 더 보편적으로 발도르프 교육에 접근하고 싶었어요. 누구나 집에서 슈타이너의 철학에 영감을 받아 아이를 키울 수 있기를 바랐습니다. 《당신은 당신 아이의 첫 번째 선생님입니다》는 그러한 마음을 담아 쓴 책입니다.

아이를 키우면서 어떤 어려움을 겪었나요?

주변에 발도르프 교육을 아는 사람들이 적었고, 가족들에게도 걱정과 의심의 눈초리를 받아야 했지요. 외로움이 있었어요. 그래서 서로 위로하고 도와줄 수 있는 엄마들의 커뮤니티가 지역 사회에 꼭 필요하다고 생각했습니다.

엄마이자 할머니로서 부모들에게 꼭 해주고 싶은 말이 있을까요?

엄마들에게 자신감을 가지라고 말하고 싶습니다. "당신은 이미 충분히 잘하고 있습니다. 걱정하지 마세요!"라고요. 한 아이의 엄마로서 자격은 이미 충분합니다. 걱정하지 말고 최선을 다해 살아나가면 됩니다. 어떤 엄마도 누구나 충분히 좋은 엄마예요. 직장에 다니든 다니지 않든 중요하지 않아요. 죄책감을 느끼지 않고 할 수 있는 만큼 최선을 다해나가는 노력과 성장이 더 중요합니다. 엄마의 소망과 남편의 기대, 자녀의 요구를 고루 살펴 조화롭게 균형 잡힌 관계를 만들어나가면 됩니다. 그리고 일관된 가정생활을 할 수 있도록 노력하면 됩니다.

부모는 아이들의 첫 번째 선생님입니다. 내 아이의 기질과 고유한 요구, 독특한 본성에 대해 좀 더 잘 이해할 수 있기를 바랍니다. 다른 사람들과 사회가 요구하는 내용을 비판적 사고 없이 따르는 대신, 자신감을 갖고 내 아이에게 필요한 교육이 무엇인지 신중하게 선택했으면 해요. 선택한 이후에는 일관성 있게 교육 소신을 지켜나갈 수 있도록 뜻을 함께하는 부모들과 공동체를 형성하는 것이 매우 중요하다고 생각합니다.

요즘 아이들에게 정말로 필요한 교육이 무엇이라고 생각하시나요?

제가 60세가 되었을 때, 미국 콜로라도주 볼더시에서 딸과 함께 '레인보우 브리지 센터Rainbow Bridge Center'를 운영했어요. 연령 통합으로 12명의 아이들과 함께 생활했지요. 그때 '일상이 커리큘럼, 가정이 모델'인 라이프웨이스 교육 활동이 지금 시대의 아이들에게 정말로 필요한 교육이라는 걸 새삼 깨달을 수 있었습니다. 아이들에게 무엇보다 중요하고 필요한 것은 일상생활에서 천천히 배워나가는 단순하고 소박한 삶의 리듬입니다. 아이들이 보편적인 삶의 가치와 양식을 배워나가는 곳은 부모의 일상생활이 이뤄지는 건강한 가정입니다. 그곳에서 아이들은 부모의 삶을 모방합니다.

이를테면 계절의 흐름을 반영하는 자연 탁자, 아이들과 함께 음식을 만들 수 있는 부엌, 단순한 놀이 공간이 있는 환경으로 집을 꾸미는 것이 인지교육보다 중요합니다. 자연에서 얻을 수 있는 놀잇감을 통해 아이들은 정해지지 않은 자유 놀이, 창의적인 놀이를 할 수 있습니다. 우리는 아이의 신체적 성장뿐만 아니라 사회적, 정서적 성장도 조화롭게 이뤄질 수 있도록 노력해야 합니다.

한 번쯤 꼭 읽었으면 하는 자녀교육서가 있나요?

아이의 발달 과정을 존중하며 양육하기 위해서는 발달심리학의 내용을 알기 쉽게 풀어 쓴 책을 읽고 공부하는 것이 큰 도움이 됩니다. 아이의 건강한 발달에 선행학습이 결코 도움이 되지 않는다는 최신 연구 결과들을 숙지하고 나면 심적으로 덜 조급해질 거예요. 내 아이의 성장에 한결 더 집중할 수 있게 될 겁니다.

아동 발달에 관해서는 이미 좋은 책들이 많이 출간되어 있지만, 아동 발달과 관련된 신경심리학과 뇌 발달 과정을 연구한 교육심리학자 제인 M. 힐리Jane M. Healy의 책을 먼저 추천하고 싶습니다. 그중에서도 다음의 세 권을 추천해요. (아쉽게도 한국에는 아직 번역 출간되지 않았습니다.)

《성장하는 아이의 마음*Your Child's Growing Mind*》(2004)

《위험에 처한 마음*Endangered Minds*》(1999)

《관계 맺는 일의 실패*Failure to Connect*》(1999)

아이들의 풍성한 일상을 위한 라히마 선생님의 제안

- 리듬 있는 규칙적인 놀이와 활동

  하루의 리듬, 한 주의 리듬 안에서 식사, 활동, 쉼, 놀이, 수면을 정해진 시간에 같은 방법으로, 반복적이고 예측 가능하게 해나가세요.

- 자유 놀이를 위한 충분한 시간 허락하기

  가정생활은 학교 수업을 듣는 것만큼이나 중요한 가치가 있습니다. 아이들이 놀 때는 관찰을 많이 하고 간섭은 최소화하세요.

- 집 안에 아이들이 활동할 수 있는 공간 마련하기

  부엌에 아이에게 맞는 작은 가구를 마련해주거나 집 안 한 곳에 목공이나 예술/수공예 활동을 하며 놀 수 있는 작업대를 마련해줍니다. 그곳에서 아이들의 창의력이 성큼 자랄 거예요.

- 아이들이 상상력을 펼칠 여지가 있는 단순한 원형prototype 놀잇감 제공하기

  아이들이 상상력을 동원해서 완성할 수 있는 것들이면 더 좋습니다. 자연물, 다양한 크기와 종류의 조각 천, 옷, 단순한 인형 등 원형이 잘 드러나는 놀잇감이 좋습니다.

- 아이들이 모방할 수 있는 실제 작업 사례 제공하기

  아이들은 어른들의 일을 돕는 과정에서 사물의 변화를 살피며, 인과관계를 자연스럽게 터득합니다. 그리고 놀이에 그것들을 반영할 거예요.

- 아이들이 모방할 수 있는 실질적인 집안일 함께하기

  아이들은 부모가 집안일하는 모습을 보고 직접 참여하는 과정에서 실제로 집안일도 돕고 놀이도 할 수 있습니다. 아이들은 부모와 함께 의미 있는 일을 하는 시간을 무척 좋아하지요. 아이들과 퍼즐 놀이 대신 빨래를 개고, 음식을 만들어보세요. 정말 좋아할 겁니다.

- 아이들이 자연에서 충분한 시간을 보낼 수 있도록 하기

  모래, 흙, 물 등을 충분히 가지고 놀 수 있도록 합니다.

- 아이들에게 이야기를 들려주는 활동에 큰 가치를 두기

  아이들과 대화하는 시간을 자주 가집니다. 그러나 인지적 설득이나 인과관계에 대해 자세한 설명은 하지 마세요. 만 4세 이전 아이

에게는 전래 동요를 불러주거나 손가락 놀이, 전통 놀이 등을 통해 단순한 이야기를 들려주면 좋습니다. 만 4세 이상의 아이들에게는 상상력을 키울 수 있는 이야기를 들려주세요.

- 아이들에게 자주 노래를 불러주고 함께 부르기

녹음된 노래를 듣는 것보다 육성으로 불러주는 것이 더 소중한 가치가 있습니다.

- 텔레비전, 비디오게임, 컴퓨터게임, 스마트폰의 스크린 타임을 제한하기

미디어 매체의 내용과 이미지들이 아이의 두뇌와 감각 발달에 미치는 영향이 큽니다. 이에 대해 제인 M. 힐리 박사는《관계 맺는 일의 실패》라는 책에서 다음과 같이 말했습니다. "새로운 기술은 사회를 변화시키는 것 외에도 정신적 능력을 변화시키고, 심지어 그것을 사용하는 사람들의 뇌 조직마저도 혼란스럽게 하고 있습니다. 빠른 속도로 진행되고, 언어를 사용하지 않으며, 시각적으로 산만해지는 텔레비전이나 비디오게임은 문자 그대로 아이들의 사고를 바꾸어놓았습니다. 빠르게 반응하며 시각적으로 자극적인 매체들은 아이들이 읽거나 들으면서 생기는 언어 인지를 훨씬 더 재미없어하게 만들어버렸습니다."

2

✳

일상에서 배우는 아이들

부모 되기의 과정은,

그리고 양육의 과정은 긴 호흡이 필요한 일입니다.

모든 일이 그러하듯 연습과 훈련이 필요합니다.

양육의 본질은 연습과 훈련을 통해

아이에게 좋은 습관,

건강한 리듬 생활을 만들어주는 것입니다.

시행착오 속에서도 부모와 아이가 함께 노력하며

좋은 습관이 형성되면

아이는 어떤 상황에서든

스스로 문제를 해결해나가려고 할 것입니다.

양육이 부모가 자녀를 일방적으로 가르치는 과정이 아니라는

사실만 깨달아도 이미 절반은 성공한 셈입니다.

아이와 내가

동등하게 영향을 주고받는 관계라는 사실을 인지하는 것,

그것만으로도 육아가 편안해지는

'일상을 예술로 바꾸는 삶'의 첫걸음을 떼신 겁니다.

아이는 어른을 기다려주지 않는다

아이들에게는 아는 것보다 느끼는 것이 더 중요하다고 진심으로 믿는다.
만약 '사실'이 나중에 지식과 지혜를 낳는 '씨앗'이라면,
'감정과 감각'은 그 씨앗이 자라기 위한 비옥한 '토양'이다.
어린 시절은 그 토양을 준비하는 시기이다.
_레이첼 카슨

한 엄마가 집에서 아이의 모습을 관찰하고 들려준 이야기를 나누고 싶습니다. 어느 날 아이가 빈 종이를 들고 책을 읽는 시늉을 하더니, 자신만의 모노드라마를 시작했다고 해요.

"엄마, 도와줘요!"

"엄마는 지금 요리하느라 바빠."

"아빠, 도와줘요!"

"아빠는 지금 텔레비전 보느라 바쁜데."

집에서 부모에게 자주 듣는 이야기를 아이가 그대로 표현하는 모습, 어떤가요? 이런 모습은 우리 모두의 집에서 흔히 볼 수 있는 풍경 같습니다. 이렇게 아이들은 역할 놀이를 하며 평소 부모가 하

는 행동과 말을 생동감 있게 잘도 표현해냅니다.

아이들은 하필 우리가 중요한 일을 할 때, 준비되지 않았을 때 말을 걸어오지요. 하지만 지금 당장 중요한 일을 하고 있다고 해서, 아직 준비되지 않았다고 해서 아이의 말을 외면해버리면 그 순간은 다시 돌아오지 않을 수도 있습니다. 어쩌면 그 순간이 인생에서 무엇보다 중요한, 우리 아이가 마음속 진솔한 이야기를 부모인 나에게 표현하려 했던 순간일지도 모릅니다. 아이들은 매일 순간을 삽니다. 현재를 살아가지요. 그 찰나의 때를 놓치면 돌이키기 힘듭니다.

물론 바쁜 엄마의 마음도 이해합니다. 늦게까지 일하고 집으로 돌아와 급하게 저녁 준비를 해야 하는데 하필이면 손이 10개라도 모자랄 그때 아이가 말을 걸어오면 반갑기보다는 야속한 마음이 앞서는 게 인지상정입니다. 저도 두 아이를 키우며 겪어본 심정이라 충분히 그 마음이 헤아려집니다. 우리는 종종 이렇게 대답하고 말지요.

"나중에."

"이따가."

"조금만 기다려."

하지만 아이는 어른을 기다려주지 않습니다.

우리도 자라면서 그러지 않았던가요? 그러니 잠깐 하던 일을 멈추고, 아이와 함께할 수 있는 소중한 순간을 놓치지 않기를 바랍니다. 아이와 함께하는 작은 일상을 충분히 누리고 즐겨보는 것은 어떨까요? 우리가 돈을 벌고 바삐 사는 것도 바로 이 소중한 일상을 제대로 누리기 위해서이니까요. 양적인 시간도 중요하지만 그게 허락되지 않는다면, 매일 30분이라도 시간을 정해놓고 집중해서 아이와 함께 노는 시간을 마련하면 어떨까요?

사랑하는 내 아이에게 부모로서 해줄 수 있는 가장 큰 선물은 아이가 필요로 하는 그 순간에 함께 있어주는 것입니다. 아이에게 무언가를 가르치기 위해 애쓰지 않고 그냥 그 순간을 천천히 음미하며 함께 있는 시간. 어설프게 꼼지락거리며 집안일을 돕겠다고 하면서 일거리만 더 만들어놓는 아이에게 화를 내려다가도 아이의 진지한 모습에 그저 한바탕 크게 웃을 수 있는 시간입니다. 그 시간이 바로 무엇이 중요한지도 모른 채 시간에 쫓기며 살아가는 우리 어른들이 회복해야 할 일상이 아닐까요?

남보다 조금이라도 뒤처지거나 천천히 제 속도로 크는 것이 용납되지 않는 한국 사회에서 아이들은 속수무책으로 서둘러 키워지고 있습니다. 안타까운 현실입니다. 그럴수록 부모가 과감하게 삶의 속도를 늦추고 단순하게 살아가야 아이들을 서둘러 키우는 흐름에서 보호할 수 있습니다. 오직 부모가 삶의 속도를 늦출 수 있습니다. 어린아이들은 삶의 속도를 늦출 능력이 아직은 없습니다. 단순하게 살아가면 부모인 우리의 마음에도 여유가 생기며 자연스럽게 새로운 의욕이 생겨납니다. 바쁘다는 핑계로 흘려보내고 지나쳤던 일상 속의 소소한 순간들이 새로운 빛깔로 보이기 시작할 것이고요.

행복에 대한 어느 연구 결과에 따르면 "행복의 열쇠는 우리의 유전적 구성을 바꾸거나 우리의 환경(예를 들어 부, 명예, 더 나은 동료)을 바꾸는 데 있지 않다. 일상의 의도적인 활동에 있다"고 합니다.* 긍정심리학자로 잘 알려진 마틴 셀리그만은 "행복은 좋은 유전이나 행운을 타고난 결과가 아니라 바이올린 연주나 자전거 타기 같이 꾸준히 연습한 결과로 얻어지는 것"이라고 했습니다. 지나고 보니 우리 가족에게 큰 감명을 주고 행복감을 맛보게 해준 것들 역시 아주 소소한 것들이었습니다. 이 사실을 깨달았을 때 새삼 놀라웠어요.

두 아이가 어렸을 때 우리 식구는 매주 토요일 오전이면 집에서 가까운 도자기 공방에 갔습니다. 빠지지 않고 챙기던 한 주의 루틴 중 하나였지요. 도자기 공방에서 흙을 주무르고 만지면서 음식을 담을 정갈한 그릇을 여럿 만들었습니다. 네 식구가 만든 결과물은 엉성하고 투박했지만, 우리가 매주 도자기 공방을 찾은 건 멋진 작품을 만들기 위해서가 아니었습니다. 가족이 시간을 함께하기 위해 만든 일상의 루틴이었지요.

그 시간 덕분이었을까요? 오랜 시간이 흐르고 두 아이가 모두 성인이 되어 독립한 지금, 저와 남편은 어린 남매와 함께 주말마다 흙을 만지던 그 시간을 추억하게 되었습니다. 그때마다 행복감에

* 미국 캘리포니아 리버사이드대학교 심리학 교수인 손자 류보머스키Sonja Lyubomirsky의 책 《*The How of Happiness*》(Penguin Books, 2007) 참고.

사로잡히는 건 물론이고요. 시간적으로나 물질적으로나 빠듯했던 그 시절, 주말에 그저 쉬고 싶다고, 공방에 다닐 돈을 아끼자고 아이들과 그런 시간을 갖지 않았다면 지금 우리 부부에게는 그만큼의 추억거리가 없었을 겁니다.

행복은 일상에서 반복하는 좋은 습관에서 비롯됩니다. 작고 소박하지만 행복한 순간을 자주 경험할수록 부모와 아이는 더 건강하게 함께 성장해나갑니다. 우리는 많은 것들을 빨리하며 살지 않아도 되는 환경을 함께 만들어나가야 합니다. 그러한 환경에서 부모가 서두르지 않고 천천히 소박한 일상을 살아가면, 아이들에게는 그 시간이 안정감을 갖게 해주는 삶의 자양분이 됩니다. 단단한 심리적 안정감을 가진 아이들은 살아가면서 닥치는 많은 난관을 스스로 헤쳐나갈 수 있는 사람, 즉 회복탄력성이 좋은 사람으로 성장할 것입니다.

하루아침에 배울 수 없는 규칙, 매일의 삶에 답이 있다

그대가 헛되이 보낸 오늘은
어제 죽어간 이들이 그토록 살고 싶어 하던 내일이다.
_랠프 월도 에머슨

아이와 내가 동등한 관계임을 인지하는 것이 양육의 첫걸음입니다. 동등한 두 인격체가 서로 믿고 의지할 수 있는 관계가 되는 것. 그것이 부모와 아이가 함께 성장할 수 있는 행복한 양육의 두 번째 걸음입니다. 이제 본격적으로 일상에서의 리듬과 루틴이 '오늘육아'에서 왜 중요한지 살펴볼까요?

태어나서부터 일곱 살까지 아이들은 놀라울 정도로 빠르게 성장합니다. 세상을 파악해나가고자 하는 아이들에게 갑작스러운 변화는 혼란을 초래합니다. 다음에 어떤 일이 일어날지 불확실하면 불안해합니다. 그래서 이 시기에 일상에서 리듬감 있는 생활을 반복적으로 해나가야 아이들은 불확실성으로 걱정하거나 불안해하지 않고 마음껏 주변 세계를 탐구합니다. 어떤 일을 할까 말까 망설이기보다 일상의 리듬에 따라 자연스레 정해진 일을 하면서 계속해서 안정감을 느끼게 되는 것이지요.

아이들은 리듬과 반복이 있는, 예측 가능한 생활 속에서 '나는 할 수 있어!' 하는 자신감을 얻습니다. 그러한 자신감으로 세상에 대한 신뢰도 키워갑니다. 따라서 안정된 리듬 생활은 아이의 좋은 습관과 정신적, 육체적 건강의 자양분이 되어줍니다.

생활예술가를 꿈꾸는 엄마들의 모임에서 한번은 이런 활동을 한 적이 있습니다. 2명씩 짝을 지어 한 사람은 앞에서 끌어주고(엄마 역할) 다른 한 사람은 눈을 가린 채 이끌려가는(아이 역할) 활동이었어요. 서로 역할을 바꾸어가며 진행했습니다. 이 활동은 아이의 입장에서 어떤 엄마가 좋을지 생각해볼 수 있는 기회를 줍니다. 이 체험을 해본 엄마들의 고백을 들어볼까요?

"엄마가 주관 없이 아이가 가는 대로 놓아두면 아이로서는 경계를 모르고 여기저기 부딪치다가 결국엔 불안함을 느낄 것 같아요. 엄마에 대한 신뢰가 사라지고, 움직이기를 주저하게 될 것 같습니다."

"엄마가 원하는 방향으로 마음대로 움직이거나, 무언가를 관심 있게 만지고 있는데 엄마가 갑자기 멈추거나 빠르게 움직여 휙 끌려가는 일들이 반복되면 아주 불안했습니다. 의지가 사라지고 수동적으로 움직이게 되었어요. 갑작스러운 변화에 반감이 생겼고요. 엄마를 신뢰하기 힘들어진다는 걸 깨닫게 됐습니다."

모임에 참여한 다른 엄마들도 "아이 입장에서 나의 태도를 객관적으로 바라볼 수 있게 되었다" "엄마에 대한 신뢰가 없을 때 아이가 얼마나 불안해할지 깨달은 소중한 체험이었다"라고 이야기했습니다.

이 체험 활동은 '오늘 육아'에서 두 가지 깨달음을 줍니다. 하나는 부모가 양육에 대한 기준 없이 아이를 방치할 경우, 아이에게 불안함을 줄 수 있다는 사실입니다. 또 하나는 부모가 자신이 원하는 방향으로만 아이를 몰아갈 경우, 이 역시 아이에게 불안함을 느끼게 할 수 있다는 사실입니다.

그렇다면 부모가 아이의 자율성을 해치지 않으면서도 제시할 수 있는 최소한의 기준은 무엇일까요? 저는 그것이 '예측 가능한 생활의 리듬'이라고 생각합니다. 부모가 예측 가능한 리듬 생활로 아이의 일상을 안정적으로 이끌어줄 때, 아이는 부모에 대한 신뢰감을 기반으로 자신의 의지대로 자유롭게 충분히 활동할 수 있습니다. 일상의 안정적인 리듬 생활과 자유 놀이는 서로 다른 것이 아닙니다. 자연스럽게 하나로 이어지는 흐름입니다.

0~7세 사이의 아이들은 아직 내적인 리듬이 형성되지 않아 외부 환경의 영향을 많이 받습니다. 따라서 이때 부모의 역할이 매우

중요합니다. 부모는 자연의 리듬(낮과 밤, 일주일, 한 달, 사계절 단위의 리듬)을 아이들의 생활에 옮겨 와 숨을 들이마시고 내쉬는 우리 몸의 자연스러운 흐름처럼 하루, 일주일의 리듬 있는 생활을 만들어가야 합니다. 이때 들숨은 아이들이 주변에서 받아들이는 모든 인상이나 배움입니다. 예를 들면 옛이야기를 듣고, 노래를 배우고, 집안일을 하고, 여럿이 함께하는 놀이가 여기에 해당합니다. 날숨은 아이가 외부에서 받아들인 인상이나 상황, 옛이야기 등을 내면에서 바깥으로, 놀이로 풀어내는 시간입니다.

아이가 어릴수록 들숨 시간을 짧게 갖고, 날숨 시간을 길게 갖는 것이 좋습니다. 노래를 부르는 것처럼 들숨과 날숨이 계속 반복되는 리드미컬한 흐름으로, 같은 순서와 같은 방법으로 하루하루가 이어지면 아이들은 편안한 마음으로 매일의 일상에 참여합니다. 하루의 일과를 집중과 쉼, 배움과 놀이, 안과 바깥의 흐름으로 반복하는 것이지요. 그러는 와중에 아이들은 삶 속에서 생활의 질서를 알아가게 됩니다.

아이들이 생활의 질서를 몸에 새길 수 있도록 하는 생활 속의 지혜에는 공간을 활용하는 방법이 있습니다. 아이들은 물건이 항상 있던 자리에 놓여 있는 친숙한 환경에서, 같은 일을 같은 방법으로 반복적으로 해나갈 때 안정감을 느끼고 행복해합니다. 이를테면 장난감을 가지고 놀고 나서 제자리에 갖다 놓는 행동을 반복적으로 해나가는 것만으로도 안정감을 느낄 수 있는 것이지요.

아이들은 자연에서 길게 날숨을 내쉰다

아이들은 태어나서부터 일곱 살까지
놀라울 정도로 빠르게 성장합니다.
일상에서 리듬 생활을 해나가야
아이들은 다음에 어떤 일이 일어날지 불안해하지 않고
마음껏 주변 세계를 탐구합니다.

아이들은 대략 12세가 되기 전까지는 인과관계나 부모의 논리적인 설명을 이해하기 힘들어합니다. 인지적으로 아직 성숙하지 않기 때문입니다. 그래서 주변 환경이 바뀌면 아이는 부모에게 계속해서 질문을 던집니다. 묻고 또 묻는 반복적인 질문을 통해 변화된 주변을 조금씩 알아가는 것이지요.

몇 년 전, 홀로 파리 시내를 여행하던 중 스마트폰의 방전으로 길을 잃은 적이 있습니다. 낯선 도시 한복판에서 지나가는 사람들에게 묻고 또 묻는 저를 보며 어린아이들이 계속해서 질문하는 것의 의미를 새삼 깨달았습니다. 저는 파리라는 새로운 공간에서 어린아이와 다름없었습니다.

대부분의 아이들은 변화에 서툴고, 환경의 변화를 힘들어합니다. 아이들이 혼란스러워할 때는 예측이 불가능할 때입니다. 변화를 꾀해야 할 때는 충분한 시간을 들이고, 아이가 흥미를 끌 만한 일을 찾아내 부모가 함께 해줘야 아이의 혼란을 줄여줄 수 있습니다. 질서가 부여된 공간과 규칙이 있는 일상에서 아이의 잠재력도 커나갑니다.

아이와 함께하는 규칙적인 일상은 부모에게도 축복이다

지치고 피곤해지지 않기를,
대신에 기적을 가만히 작은 새처럼 손에 담고 가기를.
_힐데 도민

하루는 엄마들에게 이런 질문을 던져보았습니다.

"일상에서 반복적이고 규칙적으로 행하는 일들이 있으신가요? 그러한 의식을 통해 양육에서의 고민을 해결한 경우가 있으신가요?"

엄마들은 이렇게 답해주었습니다.

"잠들기 전 수유등을 켜고 침대에 누워서 손 유희로 동화를 들려줘요."

"아이와 매일 아침 산에 올랐어요. 처음에는 아이도 저도 많이 힘들었는데 지금은 아이뿐만 아니라 저도 몸과 마음이 튼튼해졌습니다."

"루틴을 통해 아이들이 예전보다 심리적으로 안정되었어요."

"아이들과 단순한 리듬으로 소박한 일상생활을 즐기게 되었어요. 그러다 보니 그전엔 잘 알지 못했던 부모로서의 가치도 찾게 되었고요. 무엇보다 나의 꿈을 갖게 되어 아주 기뻐요."

엄마들이 들려준 이야기에는 공통점이 있었습니다. '아이가 심리적으로 안정되었다' '아이가 신체적으로 건강해졌다'는 이야기 외에도 부모인 자신 역시 부모로서의 역할에 보람을 느끼고 자신을 돌아보게 되었다는 점이었습니다. 일상에서의 리듬감 있는 생활이 아이는 물론 부모에게도 심리적 안정감을 주고 충만한 삶을 살아가게 해준 것입니다.

만일 부모가 하루는 이렇게 행동하고, 하루는 저렇게 행동하는 식으로 양육의 태도를 계속 바꾼다면 아이들은 거센 폭풍우가 치는 바다에서 출렁이는 배에 타 있는 기분이 들 것입니다. 사람은 예측할 수 없을 때 불안해지기 마련입니다. 심리적으로 불안하면 스트레스 호르몬인 코르티솔이 과도하게 분비됩니다. 혈압과 포도당 수치가 높아지고, 불안한 상황에 대한 방어기제가 작동하면 아이들은 공격적으로 행동하거나 세상에 대한 관심의 창문을 닫기도 합니다.

불규칙한 생활이나 자극적인 미디어 시청 등으로 일상의 리듬이 흐트러지면 우리의 뇌는 작은 일도 예민하게 받아들이는 상태가 됩니다. 이는 외부의 자극에 취약해지는 결과로 이어지지요. 작은 일에도 좌절하기 쉽습니다. 사소한 일에도 좌절감을 느끼게 된 아이는 점차 세상에 대한 호기심과 의욕을 잃을 수 있습니다.

사람의 에너지(의지)는 끊임없이 생겨나는 것처럼 보여도 사실 시간이나 천연자원처럼 그 양이 제한된 자원입니다. 쓰지 않아야 할 의지를 쓸데없는 곳에 쓰고 나면 정작 써야 할 때는 쓸 수 없게 됩니다. 사람의 뇌도 집중해서 공부했던 것을 자기 것으로 체화하려면 다른 무엇보다도 일정 기간 잊고 쉬는 시간이 필요합니다. 집중해서 공부하는 틈틈이 충분한 쉼을 가져야 끈기 있게 더 멀리, 힘차게 날아갈 수 있지요.

삶의 속도를 늦추면 누구나 창의적인 사람이 됩니다. 저도 분주함을 멈추었을 때 호기심을 갖고 천천히 주변을 바라보게 되었습니다. 그리고 어느 순간부터 일상의 모든 순간이 매력적으로 다가왔습니다. 구석구석이 어제와 달리 낯설게 느껴지며 새롭게 보이기 시작했어요. 감사한 마음으로, 새로운 눈으로 봤기 때문이겠지요. 창의력은 새롭게 볼 수 있는 눈에서 길러지고, 새롭게 볼 수 있는 눈은 삶의 속도를 늦추어야 가능하다는 사실을 깨달을 수 있었습니다.

부모가 일상을 단순화하여 들숨과 날숨이 반복되는 하루 리듬으로 천천히 살아가면 가족 모두 스트레스를 덜 받게 됩니다. 매번 무언가 선택해야 하는 데서 오는 많은 에너지를 과감히 줄일 수도 있습니다. 안정감을 가지고 주변에 호기심을 갖고 생활해나가면 소소한 행복을 알아차리기도 쉬워집니다. 그 행복을 즐길 줄 알게 되면 예기치 못한 상황이 생겼을 때도 긍정적으로 자연스럽게 적응할 수 있는 응용력이 생깁니다.

아이들은 예측 가능한 상황에서 덜 산만하고 침착해집니다. 그러한 상황에서 놀이에도 더 집중하고 몰입합니다. 아이가 무언가에 집중하고 몰입하면 부모에게도 부모 자신을 위한 시간과 에너지가 생깁니다. 즉, 가족이 단순한 리듬으로 일상생활을 해나가면 아이뿐만 아니라 부모에게도 건강과 의지력을 키울 수 있는 토대가 만들어집니다. 나날의 규칙적인 일상은 부모에게도 큰 축복인 셈입니다.

아이들은 교실 바깥에서도 배울 것이 많다

지혜는 학교의 산물이 아니라 평생에 걸친 노력의 산물이다.
_아인슈타인

초등학교 아이들과 방과 후 활동으로 산책을 하러 갔을 때 한 아이가 말했습니다.

"선생님, 저 오늘 학교 안 갔어요. 아파서요."

그러자 옆에서 듣고 있던 아이들이 너도나도 그 아픈 아이를 부러워했어요. 제가 웃으며 다들 학교에 가는 게 그렇게 싫은지 물었더니, 평소 아주 진중하고 모범적으로 수업에 참여하던 4학년 남자아이가 말했습니다.

"선생님, 모르셨어요? 학교 안 가고 싶은 아이들이 정상적인 아이들이에요. 학교 가고 싶어 하는 아이들이 비정상이고요."

아이들은 늘 학교 가지 않는 날을 꿈꾸고 있습니다. 세상을 향해 왕성한 호기심을 갖고 천진하게 달려들어야 할 아이들이 '학교는 재미없는 곳'이라고 생각하게 만든 것은 무엇일까요? 무미건조한 공부, 주입식 교육을 강요하는 학교에서는 아이들이 즐겁게 배우기가 어렵습니다. 그뿐만 아니라 자유로운 사고력과 판단력을 기르기도 쉽지 않습니다.

예루살렘히브리대학교 역사학과 교수인 유발 하라리도 다음과 같이 말했습니다.

> "지금 학교에서 배우는 것의 80~90퍼센트는 아이들이 40대가 됐을 때 별로 필요 없는 것일 가능성이 크다. 인공지능으로 세상이 크게 바뀔 텐데 현재의 교육 시스템은 그에 대비하는 교육을 전혀 하지 못하고 있다."*

매년 추운 겨울이면 우리 아이들도 손꼽아 기다리던 날이 있었습니다. 바로 눈 오는 날이었습니다. '눈 오는 날 = 학교 가지 않는 날!'이었거든요. 미국의 겨울방학은 2주 정도로 매우 짧습니다. 방학이 짧고, 눈이 많이 오면 학교에 가지 않아도 되니, 아이들은 자연스럽게 날씨에 관심이 커지고 눈 오는 날을 기대합니다. 추운 겨울날 동네 한복판에 내리던 함박눈은 우리 아이들에게 재미난 추억거

* 2016년 4월 28일에 경희대학교 평화의 전당에서 진행된 유발 하라리의 강연 〈인류에게 미래는 있는가?〉 중.

리를 많이 안겨주었습니다.

저희 집 아이들은 본인들의 뜻에 따라 현이가 중학교 2학년 때, 솔이가 고등학교 1학년 때 한 학기씩 홈스쿨링을 했습니다. 아이들은 그때 자기가 하고 싶은 일을 자유롭게 하고 충분히 쉬면서 공부할 수 있다며 많이 좋아했습니다. 자기가 하고 싶은 일을 자유롭게 할 수 있는 것 그 자체가 아주 행복한 일이지요.

솔이는 고등학교 1학년 한 학기를 덴마크에서 교환학생으로 지냈습니다. 우리에게 잘 알려진 동화 작가 안데르센의 고향인 오덴세Odense에서 홈스테이를 했어요. 솔이가 그곳에서 인상 깊게 보고 들려준 이야기는 대부분의 사람들이 학교와 직장에 자전거를 타고 다닌다는 것이었습니다. 솔이도 집에서 학교까지 왕복 10킬로미터의 거리를 비가 오나 눈이 오나 자전거로 다녔기 때문일까요. 그때 딸아이와 나누었던 대화는 지금도 선명하게 기억납니다.

"솔아, 덴마크 생활은 어떠니?"

"처음에는 혼자 낯선 곳에 와 있으니 힘들었어요. 음식도 너무 다르고요. 그런데 지금은 새로운 경험들을 감사하게 생각하며 이곳 생활을 잘 즐기고 있어요."

"네가 만난 덴마크 사람들은 어때?"

"엄마, 덴마크 사람들은 삶을 즐겨요."

"어떻게?"

"천천히…."

솔이는 덴마크에서 한 학기를 보내고 훌쩍 커서 돌아왔습니다. 그리고 바로 학교에 가지 않고 한 학기를 로키산맥 숲속 집에서 홈스쿨링을 했어요. 아침에 가족이 모두 외출하고 나면 집에 혼자 남아 공부하면서 시간을 보냈습니다. 솔이는 사슴, 여우들을 만나며 집 근처를 자주 산책했고, 지금도 그때를 자신에게 꼭 필요했던 소중한 시간이었다고 말합니다.

급변하는 현대 사회에서 아이들을 기르고 가르치는 일은 쉽지 않은 일입니다. 결코 혼자의 힘으로는 해결해나갈 수 없습니다. 학교와 정규 교육은 일부일 뿐이지요. 더불어 살아가기 위한 어른들과 아이들의 노력은 학교 바깥에서도 함께 이루어져야 합니다. 평생을 아이들의 삶을 가꾸는 교육에 이바지한 아동문학가 이오덕 선생님의 말씀이 가슴에 와닿습니다.

> "아이들의 창조력을, 아이들의 목숨을 어떻게 하면 살릴 수 있는가? 그 길은 뻔하다. 아이들에게 삶을 주는 것이다. 교과서와 참고서와 시험공부와 학원에서 해방시켜야 한다. 아이들이 저마다 주인이 되어 살아가게(놀고 일하고 체험하게) 하고, 그렇게 해서 보고 듣고 활동한 것을 그리게 하고 쓰게 하고 노래하게 할 때 아이들의 창조력은 한없이 뻗어나고, 그 목숨은 자기표현으로 싱싱하게 자라난다."*

* 《살아 있는 그림 그리기》(이호철, 보리, 1994), 218쪽.

아이들에게 이야기를 들려주는 시간

아이들이 학교와 학원이라는 테두리를 벗어나
공부하는 시간을 갖는 일은
부모나 아이 모두에게 도전적인 과제가 되겠지요.
그렇다 하더라도 여럿이 함께 어울리는
재미있는 자리들을 다양하게 모색했으면 합니다.

1년을 시간으로 환산하면 8,760시간입니다. 그중에서 아이들이 학교에서 보내는 시간은 얼마나 될까요? 아이들이 건강하고 행복하게 자라는 데 학교는 일부분의 역할만 맡을 뿐입니다. 우리 아이들은 하루하루 학교와 학원, 시험과 과외로 힘겹게 생활합니다. 많은 아이들이 학교와 학원(사교육), 두 트랙을 오고 가는 생활을 하고 있는데, 학교와 학원에 대한 의존도를 낮추는 길을 만들어나가면 어떨까요? 물론 그 테두리를 벗어나서 공부하는 시간을 갖는 일은 부모나 아이 모두에게 도전적인 과제가 되겠지요. 그렇다 하더라도 여럿이 함께 어울리는 재미있는 자리들을 다양하게 모색했으면 합니다.

저는 재미있는 협동예술을 자유롭게 기획하고 운영할 수 있는 공간에서 가족이 함께, 이웃이 함께, 지역 사회가 함께 교육과 문화의 주인이 되어 서로 도우며 성장해가기를 꿈꾸어봅니다. 많이 부족하더라도 아이들이 다양한 체험을 하면서 삶의 지혜를 배워나갈 수 있는 일상적 공간이 사회 곳곳에 만들어지길 마음속으로 간절히 바랍니다. 우선 부모가 정말로 하고 싶은 일이 무엇인지 찾고, 여럿이 같이 이야기해나가면 좋겠습니다. 그렇게 뜻을 모아 다양한 형태의 교육 문화 프로그램을 만들어 실행해나가면 좋겠습니다.

시험공부보다 다양한 세상 경험이 우선이다

아이들은 우리의 미래를 위한 씨앗이다.
그들의 비어 있는 순수한 가슴을 사랑으로 채워 길러라.
삶의 학습과 체험의 지혜라는 물을 뿌려주어라.
그들이 성장해나갈 수 있는 공간을 마련해주어라.
_북아메리카 원주민 격언

기다란 쇠막대에 매달린 유리가 뜨거운 용광로에 들어갔다 나왔다 하기를 반복하니 어느새 뜨거워지고 말랑말랑해집니다. 장인이 잠깐 숨을 불어 넣고 쇠막대를 굴리면서 모양을 다듬으니 금세 투명한 유리잔으로 바뀌었습니다. 유리 공예 작업장의 모습입니다. 솔이와 현이는 입으로 바람을 불어 유리그릇을 만드는 모습을 숨소리도 안 내고 마음 졸여가며 신기하게 바라보았습니다. 그리고 나무껍질과 자연의 거친 재료들로 종이와 수제 책을 만드는 장인, 자연 염색으로 옷을 만드는 직물 장인, 나무로 가구를 만드는 장인, 빛에 따라 색감이 달라지는 스테인드글라스 장인들을 우러러보았습니다.

"이건 어떻게 만들어요?"

"제가 한번 만들어봐도 되나요?"

"어떻게 이걸 만들게 되었나요?"

"당신은 이 일이 재미있나요?"

"하루에 몇 시간이나 일하나요?"

"아이디어는 어디서 구하나요?"

"제일 힘든 과정은 무엇인가요?"

"왜 이 일을 하시나요?"

예술가의 작업실로 구경 다니기를 좋아했던 솔이는 매번 지치지도 않고 많은 질문을 했습니다. 저는 솔이를 보면서 성적표의 압박을 받지 않는 아이들은 누구나 호기심이 많고 새로운 것을 배우는 일을 무척 즐긴다는 걸 깨달을 수 있었어요. 어른들에게는 다소 무뎌진 감각이 생생하게 살아 있는 아이들은 새로운 공간에서 재미난 것들을 날카로운 관찰력으로 잘도 찾아냈습니다.

매년 10월 첫째 주와 둘째 주 주말, 우리가 살던 볼더에는 오픈 스튜디오Open Studio 행사가 열렸어요. 지역의 예술가들이 집과 작업실을 시민들에게 공개하는 날이었습니다. 이른 봄부터 행사 기획단이 꾸려지고 뜻을 함께하는 시민들이 자원봉사로 참여했습니다. 참여하는 예술가들에 대한 정보가 담긴 홍보물과 찾아가기 쉽도록 집과 스튜디오의 위치를 표시한 지도가 만들어졌습니다. 우리 가족은 미리 받은 지도로 나흘에 걸친 탐방 계획을 세우며 행사를 기다렸습니다.

행사 날 예술가들은 간단한 간식과 음료까지 마련해두고 방문객을 맞이했습니다. 공간을 오픈하는 것뿐만 아니라 작품이 만들어지기까지의 과정도 친절하게 설명해주었어요. 또한 무료 혹은 재료값만 내고 직접 만들어볼 수 있는 체험 코너도 준비되어 있었습니다. 도자기, 수제 책, 가죽, 금속, 가구, 유리, 서예, 꽃꽂이, 동서양화, 수채화 등 공방의 종류도 다양했습니다.

솔이와 현이는 가는 스튜디오마다 왕성한 호기심과 생생한 관찰력으로 새로운 모양이나 특이한 재료들을 발견해냈고, 예술가에게 궁금한 점을 질문해 바로 답을 들을 수 있었습니다. 꼭 논어에 나오는 "배우고 때로 익히면 즐겁지 아니한가"라는 첫 구절처럼 새로운 배움이 그 자체로 즐거움이었습니다. 아이들에게는 살아 있는 배움이었을 거예요.

세월이 흘러, 대학을 졸업한 솔이에게 물은 적이 있어요.

"옛날에 우리 오픈 스튜디오 구경 다닐 때 생각나니?"

"네, 재미있었어요. 종일 가족과 함께 구경 다니면서 지내는 것도 좋았고, 스튜디오를 방문할 때마다 예술가들의 작품이 담긴 엽서를 받아서 모으는 재미도 있었고요. 신기한 미술 작품이나 그림을 구경하는 게 좋았고, 그들이 세상을 보는 관점을 바라보는 것도 좋았어요. 이제야 이야기하지만 먹는 것도 좋았고요. 그때 우리 집에서는 사탕이나 초콜릿 같은 단것들을 못 먹었잖아요. 저랑 현이는 여기저기 다니며 눈치껏 단것을 먹었는데, 그것도 즐거웠어요."

10여 년이 훌쩍 흘렀는데도 그때의 느낌을 자세히도 떠올리는 걸 보면 산 배움이었던 것 같습니다. 오픈 스튜디오는 지금 생각해도 행복한 우리 가족의 추억입니다. 아이들은 자긍심을 느끼는 예술가들의 작업 공간을 방문하면서 그들의 생활과 작품을 구경할 수 있었습니다. 그때는 한국에 돌아가 제가 사는 마을에서도 비슷한 행사를 꼭 기획해보려고 재미있는 상상도 많이 했었습니다.

발도르프 학교 활동 가운데 솔이와 현이가 매우 좋아했던 활동이 있습니다. 초등학교 6학년부터 중학교 2학년까지 아이들은 매주 금요일 오후 2시간 동안 '실용 예술 수업Practical Art Class'에 참여했습니다. 스테인드글라스 공예, 수제 책 만들기, 금속 공예, 도자기, 판화, 바구니 만들기 가운데 하나를 골라 8주 동안 지역에 사는 생활 예술가들의 지원을 받으며 작품을 하나씩 만들어내는 수업이었습니다.

또 아이들은 꾸준히 지역의 비영리기관인 도서관, 동물보호소, 집 없는 사람들을 위한 쉼터, 노인 센터, 농장 등에 가서 고사리손으로도 여러 자질구레한 일들을 많이 거들었습니다. 때로는 힘들고 귀찮기도 했겠지만 나누는 만큼 더 많이 경험하고 성숙해져갔지요. 그때 세상의 아픈 구석을 경험하게 된 아이들은 장차 무슨 일을 할 것인가를 놓고 한참 고민하기도 했습니다.

아이들이 지역의 예술가, 수공예 장인들과 직접 만나 일상생활을 나누며 그들의 전문 영역을 배울 수 있는 기회가 학교 안팎에 많이 만들어지기를 소망합니다. 뜨개질로 리코더 주머니를 만들거나 나무를 깎아 숟가락과 그릇을 만들어보는 활동들은 소근육을 발달시키고 기술을 익히는 것을 넘어서, 직접적인 여러 경험을 통해 다른 관점에서 세상을 바라보는 능력 또한 키워줍니다. 또한 나의 내면세계를 만나고, 내가 정말로 하고 싶은 일이 무엇인지를 알아가는 매우 중요한 배움의 과정이기도 합니다.

물론 오픈 스튜디오 방문이나 자원봉사와 같은 활동이 수학 공식 하나, 영어 단어 하나를 더 암기하게 해주지는 못할 것입니다. 그렇지만 살다 보면 기대와 달리 어떤 방법이 통하지 않을 때가 있습니다. 이때 바로 포기하지 않고 끈기 있게 다른 새로운 방법을 떠올릴 수 있는 능력이 반드시 필요합니다. 인류학자인 레비스트로스가 쓴《야생의 사고》에서 유래된 '브리꼴레르'라는 말은 우리말로 '손재주꾼'을 의미합니다. 미래의 인재로 주목받는 '브리꼴레르'는 보잘것없는 재료로도 집 한 채를 거뜬히 지어내고, 현재 활용 가능한 도구를 자유자재로 쓰면서 위기 상황을 극복해나갑니다. 또한 여러 가지 이질적인 지식과 능력을 융합시킴으로써 주어진 문제 상황에서 대안을 만들어내는 해결사가 되기도 합니다.

늘 새로운 방법을 모색하는 문제 해결 능력과 융합 능력은 무엇보다도 다양한 경험을 통해 형성될 수 있습니다. 그렇게 길러진 능력은 훗날 아이들이 살아가게 될, 한 치 앞을 내다보기 힘든 미래 사회에서 '있으면 좋은 능력'이 아니라 '꼭 필요한 능력'으로 요구될 것입니다.

그러나 안타깝게도 지금의 교육환경에서는 아이들이 스스로 하고 싶은 일을 찾아 배울 수 있는 기회가 많지 않습니다. 우리 부모들이 아이들과 함께 다양한 세상을 경험하며, 창의적으로 소통하는 공간과 시간을 많이 만들어나가야 하는 이유입니다. 우리가 주변의 작은 것들부터 함께 나누며 서로에 대한 이해의 폭을 넓힐 때, 아이들의 문제 해결 능력과 융합 능력도 같이 자랄 것입니다.

인지적 접근에 앞서
상상력을 일깨우는 예술교육이 필요하다

오직 예술에 기반을 둔 교육만이 성공한다.
_마거릿 미드

지난가을 '우리 엄마는 생활예술가' 과정에 참여했던 한 엄마가 보내온 이야기입니다.

"아침 수업은 항상 나의 감성과 느낌을 몸으로 표현할 수 있게 도와주는 움직임과 노래와 시 낭송으로 진행됐으며, 가벼운 열기로 시작되었다. 아침 열기가 끝날 즈음이면 몸과 마음이 차분하고 고요한 상태에 이르러 수업에 더 집중할 수 있었고, 새로운 사람들과 왠지 모를 동질감을 느꼈다. 그래서 초면이더라도 서로 가깝고 편하게 대할 수 있는 분위기로 전환되었다."

제가 그동안 들었던 많은 수업들은 즉흥 연극을 하거나 노래를 부르거나 그림을 그리는 것과 같은 예술 활동과 함께하는 살아 있는 배움이었습니다. 몸으로 감각을 깨우고, 예술 활동을 통해 가슴으로 느끼는 것이 먼저였습니다. 지식적 접근은 그다음이었어요. 지금도 기억나는 인상적인 수업 가운데 하나는 인지학 의사 필립 인케오와 그의 부인인 화가 제니퍼 톰슨이 함께 진행한 수업이었습니다. '예술 치료로서의 수채화' 강의에서는 상반되는 감정들, 예를 들면 공감과 반감이 교차하며 우러나오는 감정들을 충분히 느껴보고 표현할 기회를 얻었습니다. 예를 들면 내 안의 즐거움과 슬픔을 그림으로 표현해보기, 종이 둘레를 파란색으로 칠한 뒤 남은 흰 여백을 바라보며 순간적으로 떠오르는 동물이나 식물을 사실적으로 그려보기 같은 것들이었어요. 저는 그림을 잘 그리는 비법을 배워보려고 했던 처음의 생각을 바꾸게 되었습니다.

그 수채화 수업은 저의 일상생활을 많이 바꿔주었습니다. 저를 비롯한 주변 세계와 사람들을 깊이 관찰하고 온몸으로 느껴보려 애쓰게 만들어주었어요. 어느 순간부터 비가 올 무렵 나뭇잎이 떨리는 움직임 따위가 보이기 시작했습니다. 수업 중 협동예술 작업도 자주 했습니다. 각자 그림을 그리고 나면 다른 사람의 그림을 보면서 무엇을 표현하고자 했는지 상상해보기도 하며 함께 이야기를 나누었습니다.

처음으로 해보았던 협동예술 작업은 아주 특별하고 멋진 체험이었어요. 먼저 각자 두 가지 색의 물감을 선택해 그림을 조금 그린 다음 바로 옆 사람의 그림으로 옮겨 갔습니다. 그리고 잠시 주의 깊게 감상하는 시간을 가졌습니다. 다른 사람의 그림을 존중하고, 그가 무엇을 표현하고자 했는지 이해하기 위해 노력했지요. 그 영감을 토대로 옆 사람의 그림에 조심스럽게 그림을 덧그렸습니다. 그런 식으로 계속해서 옆 사람의 그림으로 옮겨 갔어요. 마지막에 다시 자기 그림 앞으로 돌아와 여럿이 함께 완성한 그림을 감상한 후 자신의 뜻대로 마무리했습니다. 그리고 자신의 의도를 남들이 어떻게 이해했는지, 거꾸로 자신은 다른 사람의 의도를 어떻게 이해했는지에 대해 소감을 나누었습니다.

필립 인케오 선생님은 "아이들의 병을 고치기 위해서는 약보다 부모교육이 우선이고, 부모교육이 아이들을 건강하게 자라게 하는 가장 빠른 방법이다"라고 말했습니다. 겉이 아무리 멀쩡해도 창의성이 없으면 건강한 사람이 아니라는 말을 들었을 때는 깜짝 놀랐던 기억도 납니다.

그때까지 저는 스스로 무언가를 표현해보려는 예술 활동의 경험도, 예술과 관련된 무언가에 문제의식을 느껴본 적도 없었어요. 그런데 그 수업을 통해 수채화를 그리며 자유롭게 표현하는 데서 오는 해방감을 느꼈습니다. 삶을 보다 근원적으로 바라볼 수 있는 힘도 얻었습니다. 아울러 우리가 예술성이 결여된 세계에 살고 있다는 사실이 왜 문제인지, 또한 인지적 접근에 앞서 감성을 일깨우는 예술교육이 왜 중요한지를 깨달았지요.

아인슈타인은 풍부한 상상력의 힘을 많이 강조했습니다. 본인 스스로 "나는 내 상상력을 자유롭게 표현하는 데 부족함이 없는 예술가"라고 밝히기도 했습니다. 아인슈타인은 어릴 때 남들이 보기에 말도 안 되는 엉뚱한 질문을 많이 했던 아이로 유명했지요. 그의 학교 선생님이 "넌 결코 아무것도 될 수 없을 거야!"라고 말했을 때도 아인슈타인은 권위적인 사람들이 자기를 경멸하는 걸 농담으로 즐기기까지 했다고 합니다.

스콧 니어링은 우리의 조화로운 삶을 가로막는 일곱 가지 걸림돌 가운데 첫 번째로 '무지와 무관심, 무기력'을 꼽았습니다.

> "무지와 무관심과 무기력은 상상력이 모자라는 데서 나온다. 다시 말해 머리로 아는 것을 행동과 연결 지어서 생각하려고 하지 않는 데서 나온다."*

상상력은 길들여지는 것, 모두가 가는 길로 가라고 강요당하는 것, 자유 의지를 억제당하는 것, 자기 존재의 의미를 부정당하는 것에 대한 저항이기도 합니다. 상상력의 결여는 세상에 대한 무관심, 무력감에 의한 우울증으로 나타나기도 합니다. 세상에 관심이 있어

* 《스코트 니어링의 희망》(스콧 니어링 지음, 김라합 옮김, 보리, 2005), 59쪽.

이야기 들려주는 목각 인형은 집에서 아이들과 소박하게 만들 수 있다

엄마들의 손끝으로 아름답게 표현하는 시간, 협동예술로 양모 벽화 만들기

상상력의 결여는 세상에 대한 무관심,
무력감에 의한 우울증으로 나타나기도 합니다.
세상에 관심이 있어야 스스로 질문하며 관찰하고,
새로운 일을 꾸밀 수 있는 지혜로운 안목도 생겨납니다.

야 스스로 질문하며 관찰하고, 새로운 일을 꾸밀 수 있는 지혜로운 안목도 생겨납니다.

아이들은 눈으로 보고 귀로 듣는 것보다 직접 손끝으로, 몸으로 경험할 때 더 잘 배우고 기억합니다. 아이들이 가능한 한 완성품이 아닌 자연 재료를 만지면서 따뜻하고 부드러운 촉감을 경험하고, 손과 손가락을 움직여 새로운 무언가를 창조하는 기쁨과 성취감을 맛볼 수 있으면 좋겠습니다.

가족이 집에서 예술 활동을 하며 몰입하는 순간은 일과 놀이와 공부가 함께 어우러지는 즐겁고 멋진 경험입니다. 부족하나마 자신의 정성과 혼이 담겨 있는 작품은 그 자체로 만족스러운 완성품인 데다 세상에 하나밖에 없는 작품이기에 가족이 함께 나누는 즐거움이 아주 크지요. 그런 경험 속에서 가족은 함께 감동하고 사랑의 감정을 느낍니다. 다양한 예술 활동은 아이들의 감각을 깨우고 의지를 길러줄 뿐만 아니라 세상의 아름다움에 눈뜨게 해주기도 합니다. 이는 결국 아이들의 미래에 꼭 필요한, 삶에 대한 열린 태도와 상상력의 바탕이 되겠지요. 우리 각자의 삶은 모두 하나의 예술 작품입니다.

가족의 일상에는 이야기와 노래, 놀이와 고요한 시간이 필요하다

옛이야기는 들려주는 것만으로 이미 훌륭한 교육이다.
들려주고 들으면서 마음이 가까워지고,
이야기 속에 담긴 생각을 곱씹어보면서
삶 속의 진실과 슬기를 더듬을 수 있다.
넓고 깊은 꿈을 마음껏 펼칠 수도 있다.
옛이야기를 좋아하고, 좋은 이야기를 들으면서
자란 아이가 나쁜 짓을 할 수는 없는 법이다.
_서정오

미국 원주민 부족의 한 의사(주술사)는 아픈 사람이 찾아오면 네 가지 질문을 던졌다고 합니다.

"언제 마지막으로 이야기를 들었는가?"

"언제 마지막으로 노래를 불렀는가?"

"언제 마지막으로 춤을 추었는가?"

"언제 마지막으로 혼자 있는 시간을 가졌는가?"

일상생활을 돌아보게끔 하는 질문을 던진 것이지요. 저는 이 이야기를 듣고 옛사람의 지혜에 절로 고개를 숙였습니다. 몸과 마음이 조화롭게 건강하기 위해서 우리의 삶에 무엇이 필요한지 돌아보게 해주는 이야기였기 때문입니다.

오랫동안 전해져 내려오는 노래는 일상생활과 아주 밀접하게 관련되어 있습니다. 입에서 입으로 전해지는 과정에서 끊임없이 사람들과 소통해온 힘찬 생명력도 있지요. 옛이야기는 사람들이 어려움에 부닥쳤을 때 삶의 의미를 찾고 험난한 세상을 헤쳐나갈 수 있는 지혜와 용기도 건네줍니다. 보편적인 가치와 생명의 고귀한 힘이 살아 있는 옛이야기는 여전히 우리에게 위로가 필요할 때 위로를, 용기가 필요할 때 용기를 전해줍니다.

심리학자 브루노 베텔하임은 저서 《옛이야기의 매력》에서 옛이야기는 어린이가 진정한 자아를 확립해 성숙한 단계로 발달하는 것을 도와주기 때문에 부모들이 아이들에게 옛이야기를 들려주어야 한다고 강조했습니다. 또한 "어린이들은 옛이야기에서 자기 안에 있는 '무의식-자아-초자아'의 삼각관계를 경험한다. 이야기 속에서 자신의 무의식적 억압과 부합되는 요소들을 만나면, 그것들을 되새겨보고 이리저리 맞추어보고 공상하다가 자연스럽게 그런 억압과 친숙해진다. 이 과정에서 어린이는 무의식적 내용을 환상의 형태로 의식하게 되는데, 이 환상으로 무의식적 억압을 극복할 수 있는 소중한 가치가 옛이야기에는 담겨 있다"라고 말하기도 했습니다. 아늑하고 편안한 환경에서 부모가 아이에게 옛이야기를 들려주면, 아이들은 머릿속에 자기만의 그림을 자유롭게 그려나가며 내면의 힘을 키우게 되는 것이지요.

부모가 아이와 춤을 추며 함께 노는 어울림은 직접적인 접촉을 통해 서로에게 정서적 안정감을 주고, 함께 살아가는 삶의 기쁨을 안겨줍니다. 더불어 바쁜 일상의 흐름 속에서도 고요한 침묵의 시간을 갖는 일이 아주 중요합니다. 그 침묵은 아이가 혼자 그림을 그릴 때, 인형 놀이에 푹 빠져 있을 때도 보입니다. 홀로 무언가에 집중하며 '몰입'을 누리는 순간은 마음에 평화를 가져다줍니다. 사람들은 홀로 자기만의 침묵하는 시간을 가질 때 비로소 내면의 은밀한 목소리를 들을 수 있습니다. 내면의 목소리를 잘 들을수록 매 순간을 소중하게 여기며 충만한 일상을 살아갈 수 있는 내공이 쌓이게 되겠지요.

살다 보면 예기치 못한 일들이 일어나기도 합니다. 작은 파도가 지나면 조금 큰 파도가, 조금 큰 파도가 지나면 얄밉게도 더 큰 파도가 오기도 합니다. 기뻐서 들뜰 때 '이 또한 지나가리라'라는 말을 가슴에 새기면서 겸손할 줄 알고, 슬픔과 절망에 빠졌을 때도 '이 또한 지나가리라'라는 말로 희망과 용기를 찾아 살아나갈 수 있기를 희망합니다. 앞날을 예측하기 힘든 어려운 상황일수록 더더욱 일상의 리듬, 가족의 리듬을 회복하고 유지하는 일이 중요합니다. 가족이 함께 이야기와 노래, 춤과 놀이로 교감하고, '멈춤'을 통해 고요한 시간을 마련하는 리듬 있는 일상은 부모와 아이 모두에게 꼭 필요합니다.

부엌은
아이들이 좋아하는 놀이터

오늘날 부모들은 아이들이 독서나 학교 공부처럼
성공에 도움이 되는 일을 하며 시간을 보내기를 원한다.
그런데 아이로니컬하게도 우리는 아이를 성공적으로 이끈다고
입증된 한 가지를 하지 않고 있다.
바로 집안일이다.
_리처드 랑드

"방 청소는 엄마가 해줄게. 너는 공부만 잘하면 돼."

요즈음 부모들의 지나친 보살핌으로 실제 삶의 문제를 스스로 풀지 못하는 아이들이 많아지고 있습니다. 공부하느라, 학원 다니느라 바쁜 아이들이 다른 일을 하느라 혹시 성적이라도 떨어질까 봐 엄마들은 힘들어도 아이 방 청소까지 대신해줍니다. 이러한 노력이 아이들에게 어떤 영향을 미치고 장기적으로 어떤 결과를 초래하게 될까요?

예전에는 대가족이 함께 생활했기 때문에 아이들은 누가 일부러 가르쳐주지 않아도 다양한 삶의 양식을 일상생활에서 주변 어른들로부터 직접 경험하며 배워나갈 수 있었습니다.

잠시, 세 살 남자아이와 집안일을 즐겁게 하고 있다는 하민이 엄마의 이야기를 나누고 싶습니다.

"세 살 난 하민이는 그 예쁘고 통통한 고사리손으로 참 여러 가지 집안일을 도와준다. 밥을 할 때면 매번 쌀은 하민이가 씻는다. 저녁을 준비할 때 옆에서 채소며 두부도 썰어주고, 묵도 한 모 전체를 먹기 좋은 크기로 집중해서 썬다. 그 모습을 보면 참 놀랍고 대견하다. 토마토 꼭지도 야무지게 따준다. 걸레질하기, 빨래 널기, 빨래 개기, 식물에 물 주기도 얼마나 즐겁고 재미있게, 또 자랑스러워하며 하는지. 집안일만으로도 아이와 함께하는 일상이 특별해질 수 있음을 깨닫게 되어 감사하다."

하민이처럼 많은 아이들이 집안일을 할 때 세상을 다 얻은 것처럼 자신만만한 표정을 짓지요. 집안일은 아이의 자립심과 협동심을 키우고, 세상에 대한 신뢰와 성취감도 맛보게 합니다. 삶에서 아주 중요한 지혜를 일상의 작은 기적을 통해 생생하게 경험하는 것이지요.

저희 가족도 거실보다는 부엌에서 많은 시간을 함께 보냈습니다. 보통 1시간 동안 음식을 준비하고, 1시간이 넘게 이야기를 나누면서 밥을 먹고, 30여 분 동안 설거지를 했습니다. 함께 음식을 준비하고, 또 함께 정리하는 일은 가족 모두를 위한 일이었습니다. 서로에 대한 공감 능력을 키우고 아이들의 사회성을 기르는 과정이기도 했습니다. 더불어 행복의 근력을 쌓아가는 시간이기도 했지요. 좋아하는 사람과 맛있는 음식을 함께 나누는 것만큼 쉽게 행복감을 맛볼 수 있는 일이 또 있을까요? 아이들과 함께 집안일을 할 때는 저도 서두르지 않고 천천히 그 순간을 즐기려고 했습니다.

집안일에 대한 흥미로운 연구 결과도 있습니다. 하버드대학교 의과대학 교수인 조지 베일런트 연구팀은 14세 학생 456명을 대상으로 그들이 47세가 될 때까지 30여 년간 추적 조사하는 연구를 진행했습니다. 그 연구의 결과는 10대에 집안일을 거들었던 사람들이 그렇지 않은 사람들보다 부부 관계와 친구 관계가 좋았고, 직업 만족도가 높았으며, 삶이 행복하다는 것이었어요. 게다가 주변으로부터도 더 성실하다는 평가를 받았고, 중년기에 접어들어서도 가정을 유지하는 데 행복지수가 더 높게 나타났다고 합니다.

2015년에는 플로리다대학교에서 '설거지가 사람들의 스트레스를 해결하는 데 큰 효과가 있다'는 연구 결과를 발표하기도 했습니다. 설거지를 정성스럽게 하면 스트레스가 27퍼센트 감소한다고 합니다. 실제로 그동안 제가 만나왔던 아이들은 밥을 먹고 나서 따뜻한 물로 설거지하는 일을 무척 즐겼어요. 잘 관찰하면 아이들은 의미 있는 일을 무척 하고 싶어 합니다. 설거지만으로도 아이들은 자신이 누군가를 도와줄 수 있는 사람이라는 자신감을 느낄 수 있지요. 그런 아이는 관계 맺기를 두려워하지 않고 의욕적으로 주변 사람들과 관계를 맺습니다.

무딘 칼로도 당근 썰기를 아주 좋아하는 아이

우리가 아이의 발달 과정을 이해하고
아이의 눈높이에 맞춰 손을 잡아줄 때
아이들은 더 많은 것을 배웁니다.

부모는 자녀의 뇌 발달에 아주 관심이 많습니다. 신경심리학자 브렌다 밀너Brenda Milner는 사람의 기억을 서술기억knowing that과 절차기억knowing how으로 구분하고, 다음과 같이 말했습니다.

> "서술기억은 이름과 날짜, 사실을 기억하게 하는 기억이다. 대부분의 사람이 생각하는 '기억'이 바로 이것이다. 그리고 자전거 페달을 밟거나 이름을 서명하는 방법 같은 무의식적 기억이 바로 절차기억이다. (…) 아이는 절차기억이 일찍부터 발달하는데, 이것은 아이가 걷는 법과 말을 비교적 빨리 배우는 이유를 설명해준다. 서술기억은 좀 더 나중에 발달하는데 우리가 아주 어린 시절의 일을 기억하지 못하는 것은 이 때문이다"*

서술기억은 암기를 위주로 하는 주입식 교육에서 중요시하는, 다시 말해 사지선다형에서 정답을 알아내는 데 아주 효과적인 기억이지요. 반면에 절차기억은 어떻게 하는지 방법을 아는 기억으로, 몸으로 배우는 무의식적 기억입니다.

그렇다면 매일 반복되는 집안일만큼 아이들의 절차기억을 발달시켜주는 것이 또 있을까요? 우리의 뇌는 반복을 좋아합니다. 우리의 뇌에서 해마는 단기기억을 장기기억으로 옮기는 중요한 역할

* 《뇌과학자들》(샘 킨 지음, 이충호 옮김, 해나무, 2016), 373쪽.

을 합니다. 아이들은 어떤 일을 처음부터 끝까지 경험하고 성취감을 느끼게 되면 반복적으로 더 하고 싶어 합니다. 집안일에서도 충분히 성취감을 느낄 수 있습니다. 작은 성취감을 맛보면 맛볼수록 도파민의 분비도 활성화되지요. 작은 성취의 반복으로 축적된 힘은 이성과 판단력을 조절하는 대뇌피질의 기능을 향상시키는 데 영향을 준다고 알려져 있습니다. 아이들의 뇌 발달을 위해 굳이 애써서 인지학습을 시킬 이유가 없습니다. 우리가 아이의 발달 과정을 이해하고 아이의 눈높이에 맞춰 손을 잡아줄 때 아이들은 더 많은 것을 배웁니다.

Interview

이웃 나라 할머니의 지혜, 다시 엄마 이야기

아이가 온전한 감각을 경험하며 자라기 위한 티사 선생님의 제안

티사 칼리니코스
(발도르프 교사, 교육 컨설턴트)

티사 칼리니코스Thesa Callinicos 선생님은 미국 발도르프 학교에서 1학년부터 8학년까지의 과정을 네 차례나 가르친 선생님입니다. 지금은 은퇴해 콜로라도주의 작은 시골 마을에서 현직 교사들의 멘토 역할을 하고 있습니다. 제가 행복한 가족을 위한 교육 문화 공간 '블리스풀 패밀리Blissful Family'에서 '여성들의 꿈 찾기' 프로그램을 운영할 때 다양한 이야기를 감칠맛 나게 들려준 선생님이기도 하지요. 제게도 아주 소중한 인연입니다.

발도르프 교육을 만나게 된 계기가 궁금합니다.

요하네스버그대학교 사범대학을 졸업했을 때, 동생에게 발도르프 교육에 대한 이야기를 처음 들었어요. 그 교육의 기본 바탕은 인위적으로 만들어진 시스템이 아니라 아이들의 실질적인 발달에 대한 이해에 초점을 맞추고 있었지요. 보통 학교에서는 시험을 위해 더 빨리, 더 많이 가르치는 데 주력했기 때문에 아이들을 있는 그대로 바라보아야 한다는 것은 낯선 교육 이념이었어요. 그래서 이 새로운 교육에 호기심이 생겼지요.

그 후 영국에서 공부하면서 다양한 예술 활동을 처음으로 하게 되었습니다. 제가 자란 남아프리카 공화국을 떠나기 전까지는 제게 예술적 잠재력이 있다는 걸 전혀 깨닫지 못하고 있었어요. 그러나 예술 활동을 접하면서 '철학과 예술의 아름다움으로 가득 찬 세상'이 '배우고 성장하기에 흥미롭고 멋진 곳'이라는 것을 확신하게 되었습니다. 그래서 교사가 되기로 결심했어요. 제가 만날 학생들에게 '세상은 좋고 아름답고 진실하다'는 걸 보여주고 싶었습니다. 학생들이 삶에 관심을 가지고 자신만의 흥미를 발견하기를 원했어요.

스물한 살 때부터 배워온 모든 교육 철학을 다시 돌아보면서 결국 중요한 것은 '인간과 세상에 대한 이해'라는 걸 깨달았습니다. 35년 동안 아이들을 가르치고 배워왔지만 저는 여전히 배우는 학생이고, 아마 앞으로도 그럴 겁니다.

요즘 한국에서는 공교육에서의 새로운 실험들이 활성화되고 있습니다. 발도르프 교육에 영감을 받은 콜로라도주 공립실험학교NFSIS, North Fork School of Integrated Studies**에서 당신의 역할과 이루고자 하는**

목표는 무엇인가요?

저는 발도르프 교육에 영감을 받은 공립학교의 설립과 운영을 도와주고 있어요. 학생들은 누구나 경제적 부담 없이 무료로 다닐 수 있습니다. 또한 초등학교 3학년까지 시험을 치르지 않아요. 유치원 교육에서는 아이들이 더 많은 시간을 놀 수 있도록 합니다. 새로운 아이디어였지요.

처음에는 우리가 하고자 하는 자율적인 교육 과정과 교사 월급 등에 대해 지역의 교육 당국이 많은 경계와 반감을 가지고 있었어요. 그러나 3년이 지난 후 교육 당국도 우리가 계속해나가길 바라며 호기심을 가지고 지켜보게 되었습니다. 제 역할은 발도르프 교육의 가치를 공립학교에서 실현해나가는 데 기여하는 거예요.

학령기(7~14세) 아이들에게 가장 중요한 일은 무엇이라고 생각하나요?

아름다움, 사랑, 배려라고 생각해요. 아이들은 다양한 경험을 통해 자신이 누구인지를 느끼고, 자신이 무엇을 원하는지 적극적으로 알아가야 해요. 그러려면 아이들이 배우는 모든 것에 아름다움을 불어넣어야 한답니다. 그래야 아이들에게 세상에 대한 더 많은 호기심과 애정이 샘솟을 테니까요. 생각해보세요. 누가 지루하고 아무 색깔도 없는, 음악이나 미술도 없는 메마른 세상에서 살고 싶어 하겠어요?

신생아부터 만 3세 어린아이를 키우고 있는 부모들에게 특별히 해주고 싶은 조언이 있나요?

첫째, 태어나는 순간 느끼는 따뜻한 감촉이 아이에게 깊은 인상을 줍니다. 그들의 몸과 새로운 세상이 처음으로 만나는 순간이지요. 살결이 닿는 감촉은 분리되는 동시에 연결되는 신비로운 이치를 경험하게 해주는 첫 감각입니다.

둘째, 부모는 아이의 감각을 보호해줘야 합니다. 아이의 첫 3년은 온몸이 하나의 커다란 감각기관인 시기로 아주 중요한 때입니다. 이때 자연 음식과 자연물로 만들어진 장난감, 부드럽고 순수한 소리로 가득 찬 안정된 집안 분위기가 매우 중요해요. 이러한 자연스러운 안정감이 훗날 아이들이 무엇이 옳고 그른지 판단할 수 있는 기초를 다지게 해주거든요. 아이들에게 무엇이든 가장 간단한 방법으로 최상의 것을 주세요. 저는 우리 손녀들을 위해 항상 최고의 초콜릿을 사고, 아주 조금 베어 먹게 해요. 진정한 맛의 감각을 가르치는 것이지요.

셋째, 아이들은 첫해에 걷는 것을 배우고, 두 살이 되면 말하는 것을 배우고, 세 살이 되면 생각하는 것을 배워나갑니다. 아이들의 중요한 발달 과정을 유심히 관찰하고, 아이들이 첨단기기를 통해서가 아닌 자연스럽고 인간적인 방법으로 생활할 수 있도록 이끌어주세요.

엄마로서 가장 행복했던 기억은 무엇인가요? 자녀와 가장 중요하게 나누고 싶은 삶의 가치가 있다면요?

아이들과 함께 노는 시간을 아주 완벽히 즐겼어요. 저에게 행복한 기억으로 남아 있는 건 아이들이 주변 세상을 하나씩 새롭게 발견하며 기뻐하는 모습을 흥미롭게 지켜보던 것이랍니다. 앞으로 손녀들과 나누고 싶은 중요한 가치는 지금껏 그래왔던 것처럼 '삶의 목적'을 나누는 것이에요. '삶의 목적'은 우리가 발견한 것보다 더 나은 세상을 만드는 것입니다.

가족 사이에 건강한 관계를 만들어가는 데 가장 중요한 요소는 무엇일까요?

부모가 매사에 자신이 하는 일에 대한 확신이 있고, 그런 부모를 아이가 믿을 수 있을 때 건강한 관계가 만들어진다고 생각해요. 아이에게 자신감 있는 모습을 보여줘야 합니다. 아이와 즐겁게 노는 유머 감각도 필요하고요. 이런 것들이야말로 먼 훗날 건강한 관계를 위한 중요한 투자입니다. 무엇보다도 아이가 어릴 때 많은 시간을 함께하는 것이 중요합니다.

있는 그대로를 보여주지 않는 미디어를 멀리하고, 아이에게 경이로운 자연을 탐험할 수 있는 충분한 시간과 기회를 주세요. 아이들이 실컷 놀게 해주세요. 나중에 일 잘하는 어른이 되려면 어렸을 때 자유롭게 놀아야 합니다. 아이들에게는 놀이가 일이거든요. 어린 시절을 제대로 충분히 보내지 않은 사람은 미성숙한 어른이 됩니다.

한국의 부모들은 치열한 입시 경쟁 속에서 어려움을 겪고 있습니다. 교육자로서 해주고 싶은 이야기가 있나요?

아이들이 태어나서부터 처음 7년이 이후의 삶에 아주 든든한 기초가 되리라는 사실을 신뢰했으면 합니다. 정말 신뢰했으면 해요!(Trust, Trust, Trust! 세 번이나 강조했다.) 처음 7년 동안 아이들이 천천히 자라날 수 있으면 아이는 더욱 상상력이 뛰어나고, 더욱 통찰력이 깊고, 더욱 많은 사람들에게 영감을 주게 될 것입니다. 다른 말로 하자면 학년이 올라갈수록 학습 능력과 사고력이 눈에 띄게 향상될 것입니다. 곧 결과를 보게 될 것이고, 아이를 믿은 당신 스스로가 대견하고 자랑스러울 거예요. 그러니 어린아이들에게 주입하거나 강요하면서 스트레스를 주지 않았으면 합니다. 많은 연구 결과에서도 자연스럽게 커나가는 아이들이 더욱 행복하고 현명하게 자란다고 이야기하고 있습니다.

동물들은 매우 빠르게 성장합니다. 말은 태어난 지 몇 분 만에 설 수 있고 원숭이는 태어난 지 3년 만에 부모가 됩니다. 동물들은 아주 빠르게 성장하는 만큼 본능에 의존합니다. 하지만 아이들이 성장하기까지는 18년이라는 긴 시간이 필요합니다. 신체뿐만 아니라 내면도 함께 성장해나가야 하기 때문이지요. 상상력과 통찰력도 함께 발달시켜나가야 합니다. 내면이 튼튼해야 건강하게 사고하는 인간으로 성장할 수 있습니다. 이처럼 인간의 성장에 필수적인 내면의 힘을 키워나가기 위해서는 시간이 절대적으로 필요합니다. 사람은 똑바로 서는 것은 물론, 언어를 배워 생각하고 말하는 법도 배워야 합니다. 충분한 시간과 공간이 아이들을 튼튼하고, 사랑할 줄 알고, 사고력이 있는 사람으로 성장하게 해줍니다.

아이들이 짧디짧은 어린 시절을 충분히 즐기도록 하는 일을 단지 학습을 이유로 제한하는 것은 너무 비극입니다. 너무도 짧은 시절인 이 시기에 학습을 강요하며 스트레스를 주게 되면 아이들은 제대로 배우지도 못하거니와 배움 자체를 싫어하는 사람으로 자랄 수 있습니다. 이는 아이들에게 평생 지고 가야 할 비극이 되지요. 우리 어른들이 예측 불가능한 미래를 이유로 아이들의 어린 시절을 망가트려서는 안 됩니다.

한국의 선생님들과 꼭 나누고 싶은 이야기가 있다면 무엇인가요?

기회가 주어진다면 저는 이야기(세계 여러 나라의 환상 동화, 전설, 신화)에 담긴 지혜에 대해 나누고 싶어요. 왜냐하면 이야기들은 인간의 다양한 면을 묘사할 뿐만 아니라 우리가 살아가면서 마주치고 겪을 수 있는 많은 상황을 보여주기 때문입니다. 또한 이야기는 읽기의 시작이기도 하지요. 배움은 이야기를 듣고, 체화하면서 이뤄집니다. 이야기의 생명력과 가치가 중요한 이유, 우리가 아이들에게 이야기를 들려줘야 하는 이유는 아이들이 자라면서 계속 흥미로운 이야기들을 읽고 싶어 하도록 이끌기 때문입니다. 훌륭한 책을 가까이 하는 미래, 그 미래의 씨앗을 뿌리는 방법이기 때문입니다.

35년이라는 오랜 시간 동안 교육 분야에서 일하셨지요. 가장 큰 고민은 무엇인가요?

디지털 미디어의 발달로 교육에서도 새로운 요구와 필요성이 제기되고 있습니다. 이런 상황에서 너무 많은 아이들이 어려움을 겪고 있어요. 그 아이들을 더 잘 이해하고, 더 잘 도울 수 있는 방법을 알아나가고 싶습니다. 미국의 많은 부모는 어린아이들이 스스로 무엇을 배우고 어떻게 살 것인지를 결정할 수 있다고 생각합니다. 아직 판단력이 갖추어지지 않은 아이들에게 너무 일찍 결정권을 허락하고 있어요. 자유롭게 키운다는 이유로 명확한 가이드도 없이 아이들을 키우는 현실이 너무 안타깝습니다.

젊은 교사들에게 전해주고 싶은 조언이 있으신가요?

현직 교사들은 우리보다 미래를 더 잘 설계해나갈 수 있습니다. 그 젊은 교사들의 어깨에 미래가 달려 있습니다. 젊은 교사들에게는 도움이 필요해요. 저는 오랜 경험에서 터득한 지혜를 나누어줄 수 있어 기쁩니다. 서로 다른 세대가 경험과 지혜를 공유할 수 있는 건 감사한 일이에요. 삶은 이렇게 서로 나누고 봉사하는 것 아닐까요?

젊은 교사들에게는 다음의 세 가지를 말하고 싶습니다.

첫째, 하루 중 잠깐이라도 침잠하는 시간(자기 내면의 존재와 만나고 연결되는 시간)을 가졌으면 합니다. 둘째, 아이들의 발달 과정을 공부해보길 추천해요. 아이들과 함께하고 아이들을 이해하는 데 많은 도움을 줄 것입니다. 마지막으로, 좋아하고 신뢰할 수 있는 경험 많은 선생님을 주변에서 찾으면 좋겠어요. 정기적으로 만나 질문하고 도움을 청하세요.

3

*

관계가 즐거워지는 일상의 지혜

아이는 상상력이 넘칩니다.

상상이 담긴 눈으로 주변의 흙, 물, 바람, 불을 바라봅니다.

아이가 경이로운 눈으로 주변을 탐구하는 동안

어른은 꿈꾸는 듯한 아이의 내면을 읽습니다.

지혜로운 훈육은

말로 설명하지 않고

따뜻한 이야기로 들려주는 것입니다.

큰소리를 내지 않고

노래 부르며 함께 춤을 추는 것입니다.

서두르지 않고

일상을 예술로 바꾸는 것입니다.

일상을 예술로 바꾸는 일은 어렵지 않습니다.

부모와 아이가 서로를 신뢰하고

예측 가능한 리듬과 반복이 있는 일상을 보내면 됩니다.

아이들이 스스로 즐기려는 의지를 낼 수 있도록

부모가 도와주면 됩니다.

양육은 부모와 아이가 건강한 관계 맺기를 배워가는 과정

사랑은 단지 돌처럼 거기에 앉아 있지 않습니다.
빵처럼 항상 새로 만들어지고 새로 만들어야 합니다.
_어슐러 K. 르 귄

그동안 강연과 모임을 통해 만났던 수많은 엄마들의 공통적인 걱정은 이 한 문장으로 요약할 수 있습니다.

"아이가 제 말을 도통 안 들어요. 어떻게 해야 할까요?"

그런 걱정을 마주할 때마다 저는 존 버닝햄의 그림책《검피 아저씨의 뱃놀이》(이주령 옮김, 시공주니어, 1996)를 떠올립니다. 이 그림책에는 어른이 아이들과 관계 맺는 방법의 정수가 재미있게 담겨 있어요. 이 이야기를 아이들에게 인형극으로 들려주면 열이면 열, 모두 무척 좋아합니다. 또 해달라고 자꾸 조르기도 해요. 이유는 간단합니다. 바로 아이들의 이야기이기 때문입니다. 잠깐 이야기를 살펴볼까요?

마을의 아이들과 동물들은 이웃인 검피 아저씨가 배를 타고 강을 건너는 모습을 보고, 자기들도 배를 태워달라고 조릅니다. 검피 아저씨는 위험하기 때문에 배 위에서 장난치지 않겠다는 약속을 하면 태워주겠다고 하지요. 그 말에 아이들과 동물들은 모두 장난치지 않겠다는 약속을 하고 배에 탑니다. 하지만 과연 아이들은 약속을 지킬 수 있었을까요? 검피 아저씨가 하지 말라고 했던 행동들을 그림책 속의 모든 아이들과 동물들이 다 하고 맙니다. 사실 아이들은 하지 말라고 하면 더 하는 법이니까요. 예측하지 못한 새로운 상황에서 무척 혼란스러워하기도 하지요. 그럼 결국 검피 아저씨의 배에 탄 친구들과 동물들은 어떻게 되었을까요? 배가 뒤집혀 다 같이 물에 풍덩 빠지고 맙니다. 하지만 검피 아저씨는 아이들, 동물들과 함께 한바탕 웃습니다. 왁자지껄 시끌벅적한 장면을 존 버닝햄은 이렇게 묘사했습니다.

염소는 뒷발질하고, 송아지는 쿵쿵거리고

닭들은 파닥거리고, 양은 매에거리고

돼지는 배 안을 엉망으로 만들고

개는 고양이를 못살게 굴고

고양이는 토끼를 쫓아가고, 토끼는 깡충거리고

아이들은 싸운다.

자, 그럼 생각해볼까요? 이러한 상황에서 우리 부모들은 검피 아저씨처럼 웃을 수 있을지 말이에요. 상상만 해도 아찔하지 않은가요? 많은 부모가 아이들에게 "하지 말아라, 이렇게 해라" 하며 말로 가르칩니다. 그렇지만 아이들은 아직 생각하는 뇌도, 자유롭게 움직일 수 있는 몸도 충분히 발달하지 않아 감정에 쉽게 영향을 받습니다. 또 다분히 자기중심적입니다. 측정하고 분석하고 평가하는 데 익숙한 어른이 자기 조절 능력이 미숙한 아이들을 이해하지 못하고 가르치려고만 하면 하루하루가 힘겨운 싸움이 되는 것이지요.

아이가 이유 없이 짜증을 내거나, 감정적으로 폭발하거나, 공격적인 태도를 보이면 부모는 당황스럽고 힘듭니다. 충분히 이해할 수 있습니다. 하지만 아이들은 하지 말라고 하면 더 하고 싶어 하지요. 앞에서도 계속 말씀드렸지만 아이들은 주변 사람의 모습을 따라 모방하기를 좋아합니다. 게다가 예측하기 곤란한 상황에서는 두려움을 느끼기 때문에 방어기제가 먼저 작동해 더욱 공격적으로 행동하기 쉽습니다.

그럼 다시 《검피 아저씨의 뱃놀이》로 돌아가보겠습니다. 검피 아저씨는 말 안 듣는 아이들과 동물들에게 화를 내고 벌을 주기보다는 새롭게 깨우쳐주는 쪽으로 '행동'합니다. 아이들과 동물들이 모두 따뜻한 햇볕에 젖은 몸을 말릴 수 있도록 우선 집으로 데려가요. 그리고 다 같이 둘러앉아 차를 마십니다. 이 책의 마지막 장면은 검피 아저씨가 아이들과 동물들에게 "잘 가거라, 다음에 또 배 타러 오렴!" 하고 웃으면서 말하는 것으로 끝이 납니다. 우리 식으로 이야기하면 검피 아저씨는 인내심의 끝판왕인 셈이죠.

검피 아저씨가 보여준 행동에는 중요한 암시가 담겨 있습니다. 검피 아저씨는 앞으로도 동물들과 아이들을 배에 태우고, 다시 한바탕 소동이 일어나 물에 풍덩 빠질 수도 있는 상황을 예측하고 받아들이고 있습니다. 검피 아저씨는 '말'로 약속하고 가르치는 훈육이 소용없다는 사실을 알고 있는 것이지요. 저는 검피 아저씨의 행동이 앞으로 수많은 반복을 통해 아이들과 관계 맺기를 배워나갈 어른의 각오로 보였습니다. 중요한 사실은, 충동적이고 짓궂은 행동도 이해해주고 배려하는 검피 아저씨 같은 부모를 아이들이 원한다는 것일 테고요.

어찌 보면 우리의 삶은 관계 속에서 배워나가는 경험의 연속입니다. 어린아이들은 아직 남의 마음을 헤아리는 데 미숙합니다. 그래서 먼저 부모와의 소통과 교감으로 다른 사람과 관계 맺는 방법을 배워나갑니다.

사회성은 가까운 사람과 관계를 맺어본 경험, 일대일로 만나는 경험 등을 통해 키워집니다. 무리 속에 있다고 저절로 키워지는 것이 아닙니다. 신뢰할 수 있는 가족과 이웃이라는 따듯한 환경에서 관계 맺기를 연습하며 길러지는 것이지요. 부모와 아이의 행복은 일상생활에서 건강한 관계 맺기를 배워나가는 데서 시작됩니다.

훈육의 과정은 긴 호흡이 필요하다
- 끈기

가장 잘 익은 복숭아는 가장 높은 가지에 달려 있다.
_제임스 휘트컴 라일리

부모가 되는 과정은, 그리고 양육의 과정은 긴 호흡이 필요한 일입니다. 하루아침에 이루어지는 일이 없는 것처럼 부모가 되는 일에도 연습과 훈련이 필요합니다. 양육의 본질은 수많은 반복을 통해 아이에게 좋은 습관을 만들어주는 것입니다. 시행착오를 거치면서 부모와 아이가 함께 노력해 좋은 습관이 형성되고 나면, 문제 해결 능력이 생긴 아이는 조금씩 자기 힘으로 나아갑니다.

훈육의 영어 단어인 'Discipline'은 그리스어 'Disciple(제자)'이라는 말에서 유래했습니다. 그렇다면 누가 제자이고 누가 스승일까요? 부모에게 제자는 아이들입니다. 기쁘고 감사하게도 아이들은 세상 전부와도 같은 부모를 보며 뭐든지 따라 하고 싶어 합니다. 부모 또한 아이를 낳아 키우면서 진정한 희생의 의미를 깨닫게 되고 새로운 배움이 시작되지요. 그래서 아이들이 부모의 스승이기도 합니다. 이렇듯 훈육은 부모와 아이가 서로의 제자가 되고, 서로의 스승이 되어 서로에게 배우면서 함께 성장하는 과정입니다.

우리가 보통 알고 있는 훈육에는 '가르치고 기른다'는 뜻이 담겨 있습니다. 그렇다면 무엇을 가르치고 기른다는 말일까요?

임상심리학자인 토니 험프리스는 "진정한 훈육이란 사람을 통제하는 것이 아니라 스스로 자신을 조절할 수 있도록 돕는 것이다"라고 말했습니다. 훈육은 아이에게 "하지 마!" "그만해!" "좋지 않아!" 하고 말로 설명하며 혼내거나 처벌하는 것이 아닙니다. 다 큰 어른들도 상대방의 마음을 오해해서 갈등을 빚고 감정 충돌을 경험하곤 합니다. 더군다나 아이들은 아직 감정의 경험을 충분히 하지 않았어요. 아이들은 단지 자기의 몸과 마음을 조절할 수 있는 능력이 부족한 상태일 뿐입니다.

세상에 완벽한 아이가 없는 것처럼 완벽한 부모도 없습니다. 설사 내 아이가 친구들에게 따돌림을 당해 상처를 받았다 해도 세상이 끝난 것은 아닙니다. 부모는 아이의 감정 폭발이나 이상하다고 여겨지는 행동을 편견 없이 관찰할 수 있는 연습을 해야 합니다. 무엇보다 아이 스스로 몸과 마음, 머리를 균형 있게 조절해나갈 수 있도록 계속해서 본보기를 보여주어야 합니다.

아이들의 모방 능력과 관련해 나누고 싶은 그림책이 있습니다.

《모자 사세요!》(에스퍼 슬로보드키나 그림/글, 박향주 옮김, 시공주니어, 1999)라는 그림책은 아이들의 모방 능력과 부모의 훈육 방법을 곱씹어보게 합니다. 이야기를 간추리면 다음과 같습니다.

어느 날 모자 장수가 모자를 팔다가 나무 밑에 앉아 낮잠을 자고 일어났습니다. 그런데 낮잠을 자는 사이에 나무 위에 있던 원숭이들이 모자를 다 가져갔어요. 모자 장수는 어떻게 해야 할지 몰라 당황스러워합니다. 모자 장수가 원숭이들을 빤히 쳐다보자 원숭이들도 모자 장수를 따라 빤히 쳐다볼 뿐이었지요.

모자 장수가 원숭이들에게 모자를 돌려달라고 말합니다. 그러나 전혀 소용이 없었지요. 그러자 이번엔 양손으로 주먹질을 하며 내 모자 내놓으라고 소리를 치고, 두 발로 땅을 쾅쾅 구르며 고함을 칩니다. 원숭이들은 모자 장수를 똑같이 따라 할 뿐이었어요. 마침내 너무 화가 난 모자 장수는 포기하고 자기 모자를 벗어 땅바닥에 탁 내동댕이치고 씩씩대며 걸어갔습니다.

그다음은 어떻게 됐을까요? 상상이 가시나요?

원숭이들이 모자 장수를 따라 똑같이 모자를 벗어 내던졌습니다. 모자 장수는 그제야 비로소 모자를 모두 돌려받을 수 있었지요.

아이들은 강인한 생명력(의지)을 가지고 온몸의 감각으로 세상을 받아들입니다. 감각으로 느끼고, 의지와 충동으로 주변을 모방합니다. 그 중간에 어른처럼 생각하지 않습니다. 우리는 머리로는 '부모는 모범을 보여주고, 아이는 모방하며 배운다'는 사실을, 부모와 아이가 행복한 관계를 맺을 수 있는 방법을 알고 있습니다. 아울러 머리로 알고 있는 진실을 가슴으로, 몸으로 옮기기까지 얼마나 힘든지도 알고 있지요. 그렇기 때문에 계속해서 나를 돌아보며 마음에 새기는 작업을 반복적으로 해야 하는 것입니다. 부모와 아이가 함께하며 좋은 습관이 몸에 스며들도록 하는 과정, 그것이 훈육의 과정입니다. 당연히 이러한 과정은 하루이틀에 끝나지 않지요. 멀리 바라보고 한 걸음 한 걸음 나아가는 끈기가 필요한 이유입니다.

아이들이 만 9세를 지나 초등학교 4학년 무렵이 되면, 수용과 행동 사이에 사고하는 과정이 생기게 됩니다. 주변 어른의 모습을 따라 해야 하나, 따라 하지 말아야 하나 사이에서 저울질을 하기 시작하지요. 그때 아이들은 수용과 행동 사이에서 갈등하는 과정을 거쳐 스스로 선택하게 됩니다.

지금도 기억나는 일이 있습니다. 솔이가 만 9세 무렵의 일입니다. 그날따라 놀이에 열중해 있는 솔이에게 남편이 장난삼아 종이에 숙제를 적어 내주었어요.

'매일 한글로 짧게 일기 쓰기, 바이올린 연습하기.'

종이에 적힌 숙제를 본 솔이는 무언가를 써서 다시 종이를 내밀며 말했습니다.

"아빠! 나 아빠가 내준 숙제 할 테니까 아빠도 이거 해야 해요."

그 종이에 적힌 말은 '아빠! 1년 안에 공부 끝내기'였습니다. (당시 솔이는 아빠의 공부가 끝나 한국에 돌아갈 날만을 기다리고 있었거든요.) 그 순간 남편의 얼굴에 떠오른 당황스러운 표정을 지금도 잊을 수가 없습니다. 아이는 어느새 엄마 아빠의 약한 모습을 꿰뚫어보고 장난을 칠 만큼 자란 것이었지요. 그때 저는 아이의 매서운 눈과 공정함을 요구하는 태도에 깜짝 놀랐습니다. 만 9세 무렵이면 하늘같이 우러러보던 선생님과 부모의 약점이 아이의 눈에 보이기 시작하는 때이기도 합니다. 이제부터는 어른이라는 이유로 무조건적인 권위를 내세울 수 없게 되는 것이지요.

뇌 발달 연구에 의하면 훈육에서 대화와 설명이 효과적인 때는 12세가 지나서라고 합니다. 따라서 12세 이전에는 아이의 발달 과정에 적합한 상상력과 재미가 어우러진 놀이 형태로 접근해야 훈육이 훨씬 수월합니다. 아이가 부모의 말을 듣지 않고 짜증을 내거나 작은 일에도 화를 내는 건 자연스러운 일입니다. 아이들의 자아는 사춘기를 지나 스무 살 무렵에 완성되고, 사고력과 문제 해결 능력을 관장하는 뇌의 전두엽이 성숙해지기까지는 무려 25년이 넘게 걸린다고 합니다. 최근 연구에 의하면 스스로 감정을 조절하는 능력도 전두엽의 발달과 관련이 깊다고 해요. 지금 내 아이가 보여주는 모습만 생각할 게 아니라 미래의 모습, 미래의 행복을 생각하면 아이를 포용하기가 쉬워집니다. 우리는 아이가 커나가는 데 필요한 만큼의 깊고 넓은 사랑을 마련해줄 수 있습니다.

한번 어린 시절 나의 모습을 떠올려볼까요? 떼쓰고, 감정 조절이 잘 되지 않았던 우리도 지금 이렇게 감정 조절을 잘하고 무리 없이 사람들과 어울려 살아갈 수 있는 한 명의 인격체로 자라지 않았나요? 부모들이 가장 힘들어할 때는 아이들의 감정과 이성이 미성숙한 모습을 마주할 때인데, 좀 더 자라서도 그럴지 모른다는 섣부른 예측이나 두려움, 불안으로 연결되기 때문에 더욱 그럴 겁니다. 하지만 10년 전 여러분은 지금 자신의 모습을 예상하셨나요? 그리고 그 예상대로 살아가고 있나요? 아마 그렇지 않을 확률이 높을 것입니다.

훈육은 아이를 위한 것만도 아니고, 훈육의 방법을 돌아보는 일이 부모가 자기반성만 하는 과정도 아닙니다. 낮에 버럭 소리를 질렀다가 밤에는 후회와 자책으로 잠 못 드는 밤을 보낼지언정 부모와 아이는 함께 부대끼면서 깨어나며 성장합니다. 머리로도 가슴으로도 서로가 얼마나 멋진 존재인지 알아갑니다.

아이를 키우는 일은 부모가 스스로 얼마나 소중하고 아름다운 존재인지 깨달아가는 과정이기도 합니다. 훈육이 부모가 자녀를 일방적으로 가르치는 일이 아니라는 사실만 깨달아도 이미 절반은 훈육에 성공한 셈입니다. 아이와 나의 관계가 서로 동등하게 영향을 주고받으며 함께 만들어가는 관계라는 사실을 인지하는 것, 그것만으로도 성공적인 훈육의 첫걸음을 떼신 겁니다.

끈기를 키우기 위한 부모 연습

'급하지는 않으나 중요한 일' 가운데 즐겁게 하고 싶은 일 하나를 정해 매일 꾸준히 해나갑니다. '급하지는 않으나 중요한 일'을 알려면 우선 하루, 일주일 단위로 내가 하는 일을 솔직하게, 있는 그대로 자세히 적어봅니다. 그러고 나서 네 가지 색깔의 색연필로 '급하고 중요한 일' '급하지는 않으나 중요한 일' '급하지만 중요하지 않은 일' '급하지도 않고 중요하지도 않은 일'로 구분해 서로 다른 색으로 색칠합니다.

엄마들과 함께 계획표를 만들 때마다 깨달은 사실은 대부분의 엄마들이 '급하지만 중요하지 않은 일'에 가장 많은 시간을 할애한다는 것이었어요. '급하지는 않으나 중요한 일'에는 가장 적은 시간을 쓰고 있었지요. 그래서 모두가 이구동성으로 '급하지는 않으나 중요한 일' 가운데 단순한 것 하나를 골라 매일 꾸준히 해나가자고 말했습니다. 저에게는 그 일이 '아침마다 좋아하는 노래 한 곡을 골라 크게 부르기'였어요. 그리고 여러 해 동안 꾸준히 했습니다.

그게 무엇이든, 단순한 한 가지를 정해 같은 시간, 같은 방법, 같은 장소에서 반복해보세요. 어느 순간 굳이 애를 쓰지 않아도 되는 꾸준한 습관이 되어 있을 거예요.

어떤 훈육이든 아이와의 관계가 우선이다 - 신뢰

제대로 볼 수 있는 것은 마음이야.
본질적인 것은 눈에 보이지 않는 법이지.
_생텍쥐페리, 《어린 왕자》에서

행복은 좋은 습관에서 비롯된다고 말씀드렸지요. 하지만 일상에 루틴을 만들거나 리듬감을 가지고 아이와 매일 무언가 해나가기 전에 선행되어야 할 일이 있습니다. 바로 아이와 신뢰할 수 있는 따뜻한 관계를 구축하는 일입니다. 정서적 친밀감, 유대감이 없는 관계에서는 훈육도 효과가 없습니다. 지혜로운 훈육은 말로 설명하지 않고 따뜻한 이야기, 생동감 넘치는 노래, 움직임, 예측할 수 있는 리듬 생활로 해나가는 것입니다.

아이는 자신이 따르고 싶은 사람(롤모델)의 행동을 자연스럽게 모방합니다. 따라서 부모가 먼저 아이가 믿고 따르고 싶은 사람이 되어야 합니다. 그러기 위해서는 아이를 다그치거나 심리적으로 내몰면 안 됩니다. 아이는 자신만의 의지를 가진 하나의 인격체입니다. 이미 아이 안에 모든 것이 담겨 있음을 신뢰할 수 있어야 합니다.

아이는 이 세상에 오기 위해 큰 의지를 내고 태어납니다. 아이는 자신의 삶의 방향과 목적을 설정하고 실현할 수 있는 잠재력을 이미 내면에 가지고 있습니다. 부모는 아이가 가지고 있는 내면의 씨앗이 자라 꽃을 활짝 피울 때까지 옆에서 그 과정을 소중하게 지켜보고 애정 어린 관찰을 해나가야 합니다. 부모는 아이가 가진 특별한 본성과 자질이 건강하게 자랄 수 있도록 적절한 때 물을 주고 주변 토양을 살뜰하게 다져주며 가꾸어나가는 정원사이자 예술가인 셈이지요. 정말 근사하지 않은가요?

아이들은 발달 단계에 따라 몸, 마음, 머리가 준비된 만큼 세상을 받아들이고 알아갑니다. 신경과학적 발달 과정에 따르면 사람은 먼저 촉각과 균형 감각 등 감각신경과 운동신경이 발달하고, 정서적인 안정감을 바탕으로 장차 사고력과 인지력이 발달한다고 합니다. 무엇이든지 하루아침에 이루어지는 것이 없고 보편적인 발달 과정이 있다는 것이지요. '빨리빨리' 재촉한다고 해도 아이의 발달은 원하는 속도로 이루어지지 않습니다. 자연의 리듬처럼 아이의 발달도 순리대로 이루어집니다.

기본 감각은 다음 단계의 발달 과정을 뒷받침하는 기반이 되기 때문에 이 과정을 건너뛰거나 앞당길 수는 없습니다. 우리가 집을 지을 때 주춧돌과 기둥을 똑바로 세우지 않고 지붕을 얹으면 어떻게 될까요? 인간의 발달도 마찬가지입니다. 부모는 아이의 발달 단계마다 이루어야 하는 과제가 무엇인지 이해하고, 아이가 해당 발달 단계의 과제를 자신만의 속도로 경험할 수 있도록 충분한 시간과 공간을 마련해주어야 합니다.

37년 이상 미국 가정에서의 부모와 아이 관계를 심층적으로 관찰하고 연구한 버튼 L. 화이트Burton L. White 박사는 다음과 같이 이야기했습니다.

> "우리는 아이들에게 높은 수준의 지능과 언어를 습득하도록 돕는 것이 놀랄 만큼 쉽다는 결론을 내렸다. 오히려 아이들의 사회성 발달과 기쁘게 살아가기를 돕는 일이 훨씬 더 어렵다는 사실을 깨달았다."*

버튼 L. 화이트 박사는 자료나 설문 조사에 의존하지 않고, 각 가정을 직접 방문해 부모와 아이의 관계를 주의 깊게 오랜 시간 동안 관찰하고 연구한 결과를 바탕으로 이 같은 결론을 내렸다고 합니다.

아이들이 각 시기마다 배워야 할 영역을 익히고 소화하기 위해서는 수많은 반복과 연습이 필요합니다. 아이들이 반복과 연습을

* 《*The New First Three Years of Life*》(Burton L. White, Simom & Schuster, 1995) 참고.

통해 무언가 배우고자 하는 의지를 내기 위해서는 무엇보다 부모와의 튼튼한 애착 관계를 바탕으로 하는 정서적 안정감이 밑바탕에 있어야 합니다. 최근 뇌신경 발달 연구에 의하면 아이들은 부모의 사랑이 담긴 따뜻한 보살핌과 신체적 접촉에서 안정감과 신뢰를 형성한다고 합니다. 그렇게 만들어진 신뢰와 안정감이 신경세포에 기억되어 스트레스 조절 능력을 활성화시키기 때문입니다. 그 안정감을 바탕으로 인지적, 사회적, 정서적, 신체적으로 균형 잡힌 조화로운 발달이 가능합니다.

미국의 교육심리학자 제인 M. 힐리는 여러 감각 중에서도 촉각의 중요성을 강조한 바 있습니다. 부모와 아이가 어렸을 때부터 접촉하면 할수록 서로의 관계는 더욱 좋아지고, 아이에게 미치는 영향 역시 훨씬 더 좋아진다고 합니다. 아이들이 정서적으로 안정감을 얻고 세상에 대한 신뢰를 토대로 건강하게 잘 커나갈 수 있도록 부모가 해야 할 일은 의외로 아주 단순합니다. 아이들과 함께 재미난 몸 놀이를 하며 춤을 추는 것부터 시작할 수 있습니다. 아이들의 몸과 마음, 머리를 골고루 발달시켜주기 위해 부모가 어렵고 거창한 놀이를 찾아 배워야 하는 것이 아닙니다. 일상 속에서 단순한 방법으로 쉽게 할 수 있습니다. 예를 들면 귀 만져주기, 누워서 비행기 태워주기, 온몸을 쭉쭉 펴주면서 마사지하기 같은 것들이지요.

평소에 우리가 무심코 하는 신체 접촉이 아이들에게 아주 중요한 안정감과 따뜻함을 선물해줍니다. 부모의 따뜻한 사랑을 받는 아이들은 주변의 어떤 상황에도 쉽게 흔들리지 않습니다. 묵묵히 자기가 하고 싶은 일에 최선을 다하면서 건강하게 커나갑니다. 특히 신체 접촉은 아이들의 촉각을 발달시켜줍니다. 촉각은 아이들이 꼭 발달시켜야 하는 기본 감각 가운데 하나로, 촉각과 관련된 경험은 내가 아닌 타인과 내적인 상호작용을 할 수 있게 해주는 원동력이 됩니다. 나의 경계를 알아채고 다른 사람의 존재를 인정할 줄 알게 하는 이 감각을 발달시켜가면 다른 사람의 개성 역시 자연스럽게 느끼고 알아챌 수 있게 됩니다. 여러 감각 중에서도 촉각이 중요한 감각으로 꼽히는 이유입니다.

흥미로운 연구 결과를 하나 더 소개하고 싶습니다. 신경경제학자 폴 잭Paul Zak 교수는 오랫동안 '사람들 간의 관계'에 대해 재미난 실험과 연구를 진행한 학자입니다. 그는 "사람들이 하루에 서로 여덟 번씩 안아주며 주변의 신뢰하는 사람들과 유대감을 느낄 때, 관심과 사랑을 바탕으로 관계를 맺어나갈 때 세상이 평화로워지고 정의와 도덕성이 살아난다"라고 말했습니다.*

그의 말에 따르면 사람들과 건강한 관계를 맺는 데에서부터 세상에 대한 신뢰가 형성되고, 사람들과 공감하고 소통할 때 공동체 의식과 도덕성도 커나간다는 것이지요.

아이들에게는 부모뿐만 아니라 주변에 신뢰할 수 있는 다른 사

* 폴 잭의 테드 강연 〈신뢰, 도덕성, 그리고 옥시토신〉(2011) 중.

람들과의 안정적이고 지속적인 관계도 아주 중요합니다. 많은 연구가 회복탄력성을 가진 사람들은 주변에 존경하고 신뢰할 수 있는 롤모델이 있다는 사실을 보여줍니다. 그 롤모델은 부모일 수도 있고, 학교 선생님일 수도 있고, 주변의 이웃일 수도 있습니다. 아이가 힘들 때 적절한 방식으로 격려해주고 자신감을 북돋워주며 지지해줄 사람, 삶의 롤모델은 아주 중요합니다. 아이들이 제 삶의 주변에 있는 롤모델을 신뢰하고 존경할 때 그 롤모델의 행동을 모방하게 되면서 삶을 학습해나가게 됩니다.

어른도 마찬가지입니다. 우리는 신뢰할 만한 좋은 관계가 별로 없다는 생각이 들 때 쉽게 우울에 빠지곤 합니다. 신뢰가 없으면 사람들은 불안해합니다. 쉽게 좌절하고 우울해하거나 공격적인 태도를 보이는 식으로요. 스트레스 상황에서는 어른도 자신의 잠재력을 실현하기가 쉽지 않습니다. 하물며 한창 자라나는 아이들은 어떨까요? 인간은 쾌적하고 자유로운 환경에서 명석한 사고를 할 수 있고 창조적인 아이디어도 쏟아낼 수 있는 법입니다.

아이는 부모와의 애착 관계에서 세상에 대한 신뢰를 형성합니다. 그 신뢰를 바탕으로 안정감 있는 일상을 누리며 더 넓은 세상으로 나아갑니다.

자연은 아이들이 제일 좋아하는 장난감

아이는 자신의 삶의 방향과 목적을 설정하고
실현할 수 있는 잠재력을 이미 내면에 가지고 있습니다.
부모는 아이의 특별한 본성과 자질이 건강하게 자랄 수 있도록
적절한 때 물을 주고, 주변을 살뜰하게 다져주며 가꾸어나가는
정원사이자 예술가입니다.

신뢰의 힘을 키우기 위한 부모 연습

아이의 신뢰를 얻으려면 아이의 발달 과정에 따라 아이를 이해하고, 아이를 주의 깊게 관찰할 필요가 있습니다. 아이들의 보편적인 발달 과정에 대해 이해하면 할수록 불안한 마음 대신 아이마다 지닌 내면의 힘에 대한 신뢰가 커집니다.

저 또한 두 아이가 학교에 다닐 때 공부를 했기 때문에 최대한 빨리 공부를 마치고 싶었어요. 서둘러 집안일을 하고 잠시라도 짬이 나는 시간에 공부를 해야 한다는 조급함이 있었지요. 그러나 아이들의 발달 과정을 공부하면 할수록 서두르지 않게 되었습니다. 왜냐하면 아이들에게 부모의 존재와 가정에서의 일상적인 생활 리듬이 얼마나 중요한지 깨달았기 때문입니다. 그 이후로는 버겁고 짜증 나는 일로 여겨졌던 집안일과 단순한 일상을 제 나름의 방식으로 즐길 수 있게 되었습니다. 일상생활을 소중하고 알차게 가꾸어나갈 수 있게 된 것이지요.

지난 20년 동안 신경과학자들에 의해 사람의 뇌가 어떻게 최적으로 발달하는지를 측정하는 정교한 방법들이 많이 연구되었습니다. 그 결과 아이들의 발달 과정에서 좌뇌와 우뇌의 통합 교육, 충분한 휴식과 놀이, 안정된 정서를 바탕으로 한 놀이, 예술, 자연 활동 등 통합적인 접근 방법이 강조되고 있습니다. 좌뇌 중심의 학습보다 머리, 가슴, 몸의 움직임이 함께하는 통합적인 교육 방법이 뇌 발달에 더욱 효과적이라는 사실이 밝혀졌기 때문입니다.

아이가 자기만의 꽃을 피울 때까지 기다려주는 부모의 한 사례를 나누고자 합니다. 현이의 친구 루크는 대학에서 수학을 전공했습니다. 남들이 다 어렵다고 하는 수학을 좋아하는 그 아이가 언제부터 수학을 좋아하게 됐는지 루크 엄마에게 물었습니다.

"루크가 수학에 관심을 두게 된 건 고등학교 3학년 때였어요. 루크는 컴퓨터공학도 복수 전공으로 공부했는데, 중학교 2학년이 되기 전까지는 컴퓨터를 만지지도 않았답니다. 많은 부모들이 수학이든 컴퓨터든 아이들이 어렸을 때부터 친숙해져야 나중에 어른이 되어 그 분야에서 경쟁력이 있다고 생각하는데요, 사실 그렇지 않은 것 같아요. 스스로 관심이 생길 때까지 기다려주는 게 제일 중요하지 않을까요?"

많은 아이가 너무 일찍부터 어려운 수학 공부를 하다가 오히려 '수포자(수학을 포기한 자)'가 되는 상황에서, 루크 엄마의 이야기를 한번 되새겨봐야 하지 않을까 싶습니다.

미국 게셀 인간발달연구소The Gesell Institute of Human Development의 소장이었던 시드니 베이커Sidney Baker는 "아이들이 생물학적으로 준비가 되기 전에 기술을 배우도록 밀어붙이는 것은 아이들을 실패하게 만든다"라고 말했습니다. 모든 일에는 그 일을 해야 하는 때가 있으며 모든 아이는 스스로 커나갈 힘이 있습니다. 스스로 문제를 탐구할 수 있는 충분한 시간이 주어지면 아이들은 내면의 힘으로 스스로 커나갑니다.

발달 과정에 따른
지혜의 훈육 SMART Storytelling Movement Art Rhythm Trust

아이와 긴장감이 생겼을 때는 이를 아이가 배울 수 있는 기회로 바라보아야 합니다. 발달 과정에 따라 아이를 이해하고, 지혜롭게(SMART하게) 관계 맺기를 해나가는 것이지요. 아이의 'No!'는 'Yes!' 습관으로 바뀔 것입니다.

0~7세

"어떻게 해야 하는지 보여주세요. 그대로 따라 할게요!"

아이가 몸의 근력을 쌓아가는 시기입니다. 안정감과 의지력을 키울 수 있어요. 아이는 세상을 향해 마음을 활짝 열고 모방을 통해 따라 하기를 좋아합니다. 이 시기에 부모는 리듬, 반복, 의식ritual이 있는 안정적인 리듬 생활로 아이에게 '예측 가능성'을 선물해주세요. 또한 아이가 충분히 놀고 자유롭게 움직일 수 있는 시간과 공간을 선물해주세요.

7~14세

“내 감정을 이해해주세요.”

“재미난 이야기 들려주세요!”

마음의 근력을 키우는 시기입니다. 감수성과 관찰력을 키울 수 있어요. 이제 아이는 아무 때나, 아무거나 무조건 모방하지 않고 주변 사람들과 거리를 두며 호기심이나 흥미가 있을 때 따라 합니다. 부모는 아이의 말을 주의 깊게 들어주고, 아이의 감정을 읽어주어야 하지요. 이 시기에는 아이에게 적절한 이야기를 찾아 들려주고, 예술 활동을 할 수 있는 시간을 많이 선물해주세요.

14~21세

“내가 스스로 하게 해주세요. 옆에서 지켜봐주세요.”

“도움이 필요할 때는 부탁할게요. 그때 제 이야기를 들어주세요.”

사고의 근력을 키우는 시기입니다. 창의력과 판단력을 키울 수 있어요. 이 시기에 아이는 합리적이고 논리적인 사고를 통해 이해하고 행동하려고 합니다. 거리를 두고 아이가 스스로 헤쳐나갈 수 있는 시간을 선물해주세요. 아이가 도움을 요청할 때 소통과 공감을 해나가면 됩니다.

백 마디 말보다 힘이 센 들어주기
– 경청

사랑의 첫 번째 의무는 상대방에게 귀를 기울이는 것이다.
_폴 틸리히

아이와의 대화에서도 때때로 침묵은 금입니다. 엄마가 아이의 말을 듣는다는 것은 단순히 아이가 말하는 소리를 듣는 것이 아닙니다. 얼굴을 마주 보며 눈을 맞추고 집중해서 아이의 말을 귀담아듣는 것이 진짜 듣는 것이지요. 아이와 눈을 마주치지 않고, 하던 일을 멈추지도 않은 채 "말해 봐! 나 듣고 있어!"라고 하는 것은 듣는 것이 아닙니다. 다음의 대화를 살펴볼까요?

상황 1

여섯 살 아이가 컵을 깨뜨렸습니다. 쨍그랑! 엄마가 아주 많이 아끼는 컵이었습니다.

엄마: 아이고, 또 그랬네. 그것 봐. 그럴 줄 알았어.

아이: 내가 안 깼어요. 미끄러졌어요.

(아이는 겁을 먹고 자신이 깨뜨린 것이 아니라고 말합니다.)

엄마: 거짓말까지 하네. 너 때문에 미치겠다. 대체 몇 번을 말해야 알아듣니? 주의하라고!

아이: 잘못했어요.

엄마: 엄마가 너 때문에 너무 힘들어. 그렇게 말했건만…. 너는 왜 이렇게 유별나게 나를 힘들게 하니?

(아이는 이윽고 엉엉 웁니다.)

상황 2

똑같은 상황이지만, 엄마가 먼저 이야기를 꺼내지 않고 기다립니다. 아이의 말을 가만히 듣는 태도를 취합니다.

아이: 잘못했어요, 엄마.

(엄마는 여전히 가만히 듣습니다.)

아이: 내가 컵을 깨뜨렸지 뭐예요.

(엄마는 여전히 가만히 듣습니다.)

그리고 몇 초 후.

엄마: 우리 청소하자! 빗자루하고 쓰레받기 어디 있는지 알지?

아이: 네, 가져올게요.

(엄마는 아이와 함께 청소합니다. 이때 엄마는 "속상했겠구나, 괜찮아"

와 같은 말을 하지 않습니다. 대신 문제를 함께 해결한다는 책임감을 아이가 스스로 느낄 수 있도록 이끌어줍니다.)

문제 상황에서 아이와 대화를 나눠야 할 때, 때로는 침묵하고 아이의 말을 경청하는 것이 큰 도움이 됩니다. 한번은 미국에 있는 친구의 아들이 대학을 졸업하고 한국에 와서, 제가 진행하던 '문화로 나누는 영어' 수업을 보조 선생님으로 도와준 적이 있습니다. 그때 수업을 듣던 한 초등학교 2학년 남자아이가 영어가 서툴러 그 선생님과 충분히 소통할 수 없자 아주 짓궂게 행동했지요. 그러나 그 선생님은 아이에게 화를 내거나 야단치지 않고 침묵하며 조용히 그 아이를 바라보았습니다. 후에 그 남자아이가 집에 가서 엄마에게 말하기를, 자기가 한 행동이 스스로에게도 아주 많이 창피했다고 해요. 스스로 잘못을 느낀 것이지요.

'듣기'와 관련해서 발생학적으로 흥미로운 사실이 있습니다. 아기가 잉태되면 초기 배아 상태에서는 귀 안에 있는 달팽이관이 골수로 가득 차 있다고 합니다. 그런데 어느 시점에 이르면 이 달팽이관의 골수가 빠지고 텅 비게 된답니다. 우리의 안쪽 귀(내이)가 듣기를 위한 기관이 될 수 있는 유일한 방법은 그곳이 열려 있을 때인데, 그것이 가능한 이유가 골수라는 우리 몸의 중요한 구성 요소를 희생했기 때문인 것이지요. 다른 사람의 목소리가 내 안에 들어올 수 있도록, 주의 깊게 경청하기 위해서는 내 안의 소중한 한 부분을 기꺼이 희생해야 한다는 의미가 담겨 있는 게 아닐까 생각해봅니다. 우리 몸은 다른 사람들의 이야기를 듣기 위해서 과감하게 골수를 비우는 방식으로 진화한 것이지요.

수많은 자극의 홍수 속에서 바쁜 일상을 보내는 현대인들이 남의 이야기를 주의 깊게 듣기란 무척이나 힘든 일입니다. 남편이나 아이가 하는 말, 직장에서 동료나 상사가 건네는 말을 주의 깊게 듣기 위해서는 일단 내가 하던 일을 멈추고 조용히 들을 마음을 먹어야 하는데 결코 쉬운 일이 아니지요.

경청할 심리적 여유도 여유이지만, 부모가 아이의 말을 들을 때 특히 걸림돌이 되는 것은 아이의 마음 상태를 충분히 이해하기 위해 듣기보다는 부모가 자신의 말을 하기 위해 듣는 태도입니다. 우리 부모들이 너무 자주 하는 실수이지요. 같은 맥락에서 부모들이 주의해야 하는 말 습관 가운데 하나는, 아이의 말이 채 끝나기 전부터 '나는 네가 다음에 무슨 말을 하려고 하는지 이미 알고 있어' 하는 제스처를 보이는 것입니다.

아이의 말을 경청하는 일은 하던 일을 멈추는 작은 행동에서 시작됩니다. 그 멈춤을 시작으로 아이에게 청각적·심리적으로 조용한 환경을 마련해주고 나서야, 부모는 비로소 아이의 말을 들을 수 있습니다. 그 침묵의 시간과 멈춤의 공간에서 아이는 부모가 자신의 문제 상황을 지켜봐주고, 자신의 입장을 이해하려 한다는 데 만족감을 얻습니다. 아이가 어른의 존재를 필요로 할 때, 짧은 순간이라도 집중해서 함께 곁에 있어주면 아이 역시 침착함을 회복하고 문제 상황을 해결한 뒤, 다음의 할 일로 자연스럽게 나아갑니다.

부모가 침묵함으로써 아이의 말을 경청하는 것이 중요한 이유는 그 과정에서 부모가 아이의 비언어적인 표현에 집중할 수 있기 때문이기도 합니다. 일상생활 속에서도 무언가에 집중해서 소리 없이 생각을 모으다 보면 새로운 해결책이 떠오르지요. 이처럼 무언의 상황이 만들어주는 침묵의 공간에서 상대편 내면의 목소리에 귀를 기울이려고 애쓰다 보면 아이의 말 뒤에 숨은 표정과 행동의 의미를 추론할 수 있습니다.

아이들이 보이는 공격성이나 감정적인 폭발의 많은 부분은 부모들에게 일종의 시험이자 수수께끼로 다가옵니다. 아이들이 내보이는 공격성에 당황스럽더라도 '~하지 말라'는 식의 제지와 통제보다는 그 순간 최대한 평정심을 유지하고 스스로에게 질문을 던져보세요. (물론 가슴속에서는 활화산이 터지고 있겠지만요.)

'아이가 왜 그랬을까?'

'이 아이는 무엇을 말하고 싶은 걸까?'

'내가 어떻게 해주길 원하는 걸까?'

그러면서 아이의 표정과 상황을 가만히 살펴보세요. 이 짧은 심호흡과 침묵의 시간이 의외로 문제 해결의 실마리를 쉽게 찾아줄 것입니다. 물론 바로 정답을 찾아내지 못할 수도 있습니다. 그러나 가능성만은 열어두자는 것입니다.

"나 여기 있어요! 보고 있나요? 듣고 있나요?"

아이의 말을 경청하는 일은
하던 일을 멈추는 작은 행동에서 시작됩니다.
그 멈춤을 시작으로 아이에게
청각적·심리적으로 조용한 환경을 마련해주고 나서야,
부모는 비로소 아이의 말을 들을 수 있습니다.

활력이 넘치는 역동적인 아이들은 자기의 경계를 알고 싶어 합니다. 내가 어디까지 힘을 발휘할 수 있는지, 어디부터는 내가 할 수 없는 일인지, 자기 가능성의 경계를 끊임없이 탐구합니다. 그 탐구의 열정이 때로 극한적인 상황으로 치달을 때, 가장 신뢰할 수 있는 부모(특히 엄마)에게 반항하고 거친 행동을 내보이게 되는 것이지요. 아이의 저지레와 공격적인 태도가 조금은 달리 보이지 않나요?

부모의 마음속에 고요한 평정이 깃들면 아이의 내면을 있는 그대로 볼 수 있고 포용할 수 있는 힘이 솟아오릅니다. 다시 한번 기억해주세요. 부모가 마음을 비워두어야 아이가 내뱉는 진짜 내면의 목소리를 들을 수 있다는 사실을요.

가끔 아이의 말을 주의 깊게 듣기 어렵다고 하소연하는 엄마들도 있습니다. 물론 두서없고, 감정적이고, 앞뒤가 맞지 않는 아이의 말을 끝까지 들어주기란 쉽지 않습니다. 하지만 경청도 일종의 습관입니다. 아이의 말을 주의 깊게 듣기 어렵다면, 듣는 습관이 형성되어 있지 않기 때문일 수도 있습니다. 이때 자신의 균형 감각을 살펴볼 필요가 있습니다.

경청의 힘은 균형 감각(전정 감각)의 발달과 밀접한 관련이 있다고 합니다. 균형 감각은 특히 어렸을 때 충분히 발달해야 하는데, 왜냐하면 이 감각이 덜 발달하면 청각 역시 발달하기 쉽지 않기 때문입니다. 이런 균형 감각을 조절하는 귓속의 달팽이관은 다양한 움직임(그네 타기, 널뛰기, 외나무다리 건너기, 숲 놀이 등)을 통해 발달할 수 있습니다.

한 가지 사례를 살펴보겠습니다. 초등학교 3학년 남자아이 태호의 이야기입니다. 태호는 수업 시간에 떠들거나 말썽을 부리지는 않았지만, 선생님의 이야기를 귀담아듣지 않는 편이었습니다. 혹시 주의력 결핍 증상은 아닐지 주의 깊게 관찰한 담임 선생님의 제안으로 태호는 엄마와 함께 병원에 갔습니다. 그러나 진찰 결과, 주의력 결핍보다는 아직 청각이 충분히 발달하지 않았다는 사실을 발견했다고 합니다. 다행히 청각과 균형 감각의 관계를 잘 알고 있었던 의사의 도움으로 태호는 전문 치료를 받게 되었습니다.

태호가 받은 치료는 그다지 특별하지 않았습니다. 매일 그네를 타고, 오르막길을 오르내리고, 정중선을 교차하는 다양한 움직임을 통해 균형 감각을 키우는 데 수년간 집중했습니다. 태호의 청각은 건강한 발달 수준에 이르렀고, 주의 집중력도 크게 발달해 무난하게 수업에 집중하며 학습을 진행해나갈 수 있었다고 합니다.

아이의 말을 주의 깊게 듣기가 힘든 경우에는 부모 역시 함께 균형 감각을 키워나가는 활동을 해볼 필요가 있습니다. 그네를 타거나 균형 감각을 키우는 데 도움이 되는 요가 자세를 매일 조금씩이라도 하는 식으로요. 어린아이들은 끊임없는 호기심으로 주위를 바라보면서 부모에게 수없이 질문을 던집니다. "이게 뭐야?" "저건 뭐야?" 하며 끊임없이 세상과 상호작용하면서 주변 세계를 알아나갑니다. 그때 부모가 귀찮다는 이유로 아이의 말을 주의 깊게 듣지 않으면 아이들도 주의 깊게 듣는 연습을 하지 못하게 됩니다. 아이들은 주변에서 만나는 가까운 어른의 모습을 그대로 모방하며 배워나가기 때문이지요.

경청의 힘을 키우기 위한 부모 연습

아동기에는 햇빛 연습이, 청소년기에는 달빛 연습이 아주 효과적입니다. 상대방의 말을 경청하는 습관을 길러주는 이 두 가지 연습은 아이가 무엇 때문에 화를 내는지, 왜 감정 조절이 안 되는지를 아이의 입장에서 생각해볼 수 있는 기회를 선사합니다. 이 방법들은 꼭 아이를 대상으로만 하지도 않습니다. 어른의 경우에도 똑같이 적용될 수 있습니다.

햇빛 연습

누구에게나 아낌없이 따뜻하고 밝은 빛을 선사하는 햇살을 상상해봅니다. 그리고 지금 내가 마주하고 있는 아이를 바라봅니다. 아이의 말에 공감하거나 교감하는 데 굳이 애쓰지 말고, 그냥 아이가 건네는 이야기를 귀담아듣기만 합니다. 따뜻한 마음 상태를 유지하되 표면적으로 동의를 표하는 이야기는 건네지 않습니다. 다만 아이의 말을 주의 깊게 듣습니다. 많은 경우, 아이들은 자신이 하는 말을 누군가가 주의 깊게 들어주려 하는 태도만으로도 충분히 만족스러워합니다.

달빛 연습

달은 해와 달리 빛을 반사합니다. 햇빛 연습 때와 마찬가지로 우선 가만히 공감도 판단도 하지 않고 그저 귀담아듣습니다. 햇빛 연습과 달빛 연습의 차이점은 이다음부터입니다. 달빛 연습은 들은 이야기를 간략하게 정리해서 다시 상대에게 들려줘야 합니다. 그러고 나면 상대편(아이)은 타인(부모)이 들려주는 자신의 이야기를 듣고 자기감정에서 빠져나와 자신의 상황을 객관적으로 판단할 수 있게 됩니다.

삶의 주름을 펴주는 내면의 힘
- 긍정

희망은 볼 수 없는 것을 보고,
만져질 수 없는 것을 느끼고,
불가능한 것을 이루게 한다.
_헬렌 켈러

현이와 솔이 남매가 어릴 때 일입니다. 이웃 고등학교 학생들이 인형극을 한다고 해서 아이들과 함께 보러 가게 되었습니다. 고등학생들이 준비한 공연은 아주 잘 알려진 '천국과 지옥의 차이' 이야기를 바탕으로 한 것이었습니다. 혹시 모르는 분들이 있을지 모르니 먼저 줄거리를 이야기하는 게 좋겠어요.

한 아이가 천국과 지옥의 차이를 궁금해하자 한 랍비가 직접 보여주겠다며 아이를 천국과 지옥으로 데려갑니다. 처음 방문한 곳은 산해진미가 가득 차려진 곳이었습니다. 그런데 그곳에 있는 사람들은 하나같이 비쩍 말라 있었어요. 가만히 살펴보니 밥상 위에 긴 젓가락이 놓여 있었는데, 제 입에 음식을 가져다 넣기가 어려워 다들 짜증을 내며 아우성이었습니다. 랍비는 이곳이 지옥이라고 말해주었습니다. 다음으로 랍비가 아이를 데리고 간 곳은 소박한 밥상이 차려진 곳이었습니다. 여기에도 똑같이 긴 젓가락이 놓여 있었어요. 다른 점이라면 사람들의 표정이 평화롭고 행복해 보였습니다. 아이는 무슨 일인가 싶어 주의 깊게 살펴보았습니다. 그랬더니 이곳의 사람들은 긴 젓가락으로 서로에게 음식을 먹여주고 있었답니다. 랍비는 이곳이 천국이라고 알려주었습니다.

이처럼 똑같은 상황을 앞에 두고서도 어떻게 바라보느냐, 또 어떻게 받아들이느냐에 따라 우리의 행동은 달라질 수 있습니다. 비관적인 사람은 희망 속에서도 절망을 찾아내고, 낙관적인 사람은 절망 속에서도 희망을 찾아내지요. 천국과 지옥을 가르는 것은 외적인 조건이 아니라 내 마음의 에너지가 긍정적이냐 부정적이냐에 달려 있습니다.

2006년, 심리학자 셸던 코헨Sheldon Cohen이 흥미로운 논문을 발표했습니다. 코헨 박사는 건강한 성인을 대상으로 사람들을 긍정적 성격의 집단과 부정적 성격의 집단으로 분류한 뒤, 모든 피험자의 콧구멍에 감기 바이러스와 독감 바이러스가 융해된 묽은 액체를 떨어뜨리는 실험을 진행했습니다. 그 결과, 매사에 긍정적이고 유유자적한 사람들은 걸핏하면 투덜대는 사람들보다 감기에 걸리는 확률이 현저하게 낮았다고 합니다. 긍정의 힘은 면역 체계의 기능을 높여 병균마저 함부로 접근하지 못하도록 하는 것이지요.*

저는 육아를 편안하게 만들어주는 노하우로 긍정성과 낙천성을 꼽습니다. 육아가 매번 즐겁기만 한 일은 아닙니다. 아이의 몸과 마음이 아프거나, 아이에게 닥친 상황이 아이를 상처받게 할 땐 부모의 마음도 이겨낼 재간이 없습니다. 저는 그럴 때, 상황에 매몰되지 말고 관점을 바꿔보시길 부탁드리고 싶습니다. 부모와 아이가 함께 해나갈 숙제가 생긴 것이라고 보고, 부모와 아이가 함께 단단하게 성장할 기회라고 여기는 것이지요. 마냥 무기력해지거나 실의에 빠지기보다 그 상황을 해결해야 할 과제로 바라보면 조금 더 기운을 추스르게 되지 않을까요? 우리는 아픔을 겪은 만큼 생각이 깊어지고, 다른 사람을 포용하는 마음도 넓어지게 됩니다. 고통은 때로 삶의 연료가 되어 타인을 이해하는 교감 능력과 이타심을 확장시켜주기도 하기 때문입니다.

긍정의 힘을 키워주는 '예스 습관' 만들기

우리 아이를 긍정성과 낙천성을 가진 사람으로 키우기 위해, 그리고 부모 자신도 긍정성과 낙천성을 기르기 위해 일상에서 구체적으로 무엇을 할 수 있을까요? 저는 긍정성과 낙천성을 길러주는 일상의 말 습관, 행동 습관을 한데 아울러 '예스 습관'이라고 부릅니다.

이 예스 습관의 포인트는 '~하지 마'라는 제지와 금지의 언어나

* 《심리학자의 인생 실험실》(장현갑, 불광출판사, 2017), 152쪽 참고.

제스처보다 허용의 언어와 제스처를 쓰는 것입니다. 부모교육을 갈 때마다 엄마들에게서 가장 많이 듣는 질문 중 하나는 "아이가 제 말을 듣지 않아요. 어떻게 해야 아이가 제 말을 듣게 할 수 있나요?"입니다. 그러나 이러한 질문에는 아이를 부모가 바라는 대로 통제하고 싶어 하는 욕망이 담겨 있습니다.

아이들이 가장 듣기 싫어하는 말이 무엇일까요? 아이의 마음을 헤아리기 전에 우리가 어릴 때를 생각해봅시다. 어떤 말이 제일 듣기 싫었던가요? "하지 마!"와 "공부해라!" 아니었나요? 싸우지 마라, 떠들지 마라, 부모가 아이에게 무언가 하지 말라고 이야기할수록 오히려 아이들에게는 싸워라, 떠들어라, 해라, 라는 말로 들릴 공산이 큽니다. 특히 7세 이전의 아이들은 스스로 지각하는 것과 행동하는 것 사이에 거리가 없어서 부모의 야단이나 경고에 큰 영향을 받지도 않습니다.

부모의 행동이 아이들의 뇌 발달에 끼치는 영향을 조사한 연구 결과에 의하면, 하지 마라, 안 된다, 왜 했느냐 같은 말은 아이들의 탐구심이나 호기심을 줄어들게 한다고 합니다. 따라서 문제 상황이라 하더라도 무조건적인 제지보다는 대안을 제시해주고, 아이와 함께 그 상황을 기쁘게 해결해나가는 것이 중요합니다.

부정적인 정서는 우리 뇌의 편도체를 자극합니다. 부모가 화를 내면 아이들은 말을 듣기보다는 마음에 불안, 걱정, 혼란만 쌓이게 됩니다. 긍정적인 정서는 창의력과 문제 해결력을 키워주는 전두엽을 발달시킵니다. 아이가 즐겁고 재미있는 경험을 자주 하면 아이의 뇌 속에는 긍정적인 정서가 차곡차곡 쌓입니다. 사람의 뇌는 능동적으로, 긍정적으로 참여할 때 더 잘 배우고 쉽게 기억 합니다.

아래는 생활 속에서 예스 습관을 기르는 방법의 예시와 제안들입니다.

동생을 때리는 아이에게

"네 손은 여러 가지 일을 할 수 있단다. 이렇게 재미난 일도 있어" 하며 손 유희를 할 수 있습니다. 예를 들어 엄지는 키가 작은 뚱뚱한 아빠, 검지는 아이들과 재미나게 노는 엄마, 중지는 공놀이를 좋아하는 오빠, 약지는 춤추는 것을 좋아하는 언니, 새끼손가락은 잘 우는 아기처럼 천천히 손가락 하나하나에 의미를 부여해줍니다. 그러고 나서 "퐁당퐁당 돌을 던지자" 하며 노래를 부르거나 "내가 소중하게 생각하는 돌을 줄게. 네가 좋아하는 친구에게 나눠주자" 같은 이야기를 들려주며 손 유희를 합니다.

"동생과 싸우지 마!" "동생을 때리면 안 돼!" 하는 말 대신에 손에 의미를 부여하고 친구 관계에 대한 즐거운 노래를 불러주는 것이지요.

공공장소에서 심하게 떠드는 아이에게

"떠들지 마!" 대신에 "우리 천둥 칠 때 바깥에 나가서 소리 지르

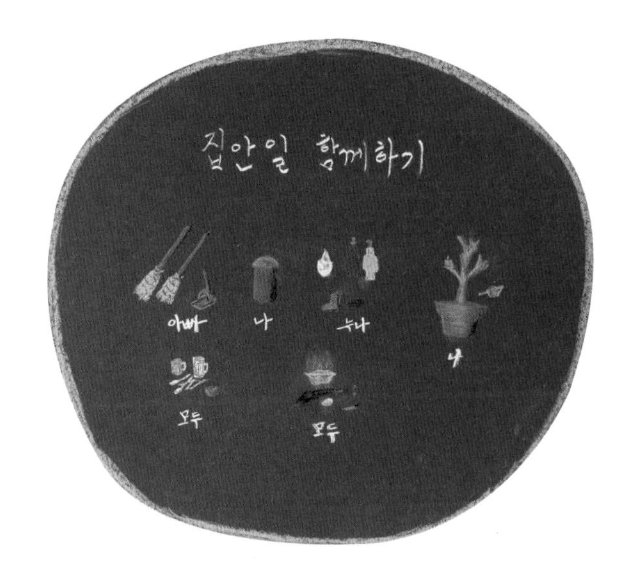

가족이 함께 재미나게 집안일 나누어 하기

아이가 즐겁고 재미있는 경험을 자주 하면
아이의 뇌 속에는 긍정적인 정서가 차곡차곡 쌓입니다.
사람의 뇌는 능동적으로, 긍정적으로 참여할 때
더 잘 배우고 쉽게 기억합니다.

자!"라고 말할 수 있습니다. 또는 오히려 소곤소곤한 목소리로 아이가 좋아하는 노래를 천천히 불러줍니다.

벽에 낙서하는 아이에게

"안 된다고 했지!" 대신에 긍정적인 대안을 마련해주세요. 벽에 큰 도화지를 붙여주고 거기에 그림을 그릴 수 있게 합니다.

양치질을 거부하는 아이에게

아이: 또 닦아야 해요? 그냥 자면 안 돼요?

엄마: 안 돼, 양치질을 하지 않으면 이가 썩어. 이가 썩으면 치과에 가야 해.

(부정적인 정서 대신에 긍정적인 정서로 즐겁게 말해주세요.)

엄마: 입이 큰 하마처럼 현이 입을 한번 벌려보지 않을래? 충치 도깨비가 우리 하마 동굴에서 아직도 숨바꼭질하는지 찾아볼까? 이를 닦으면 찾기가 쉬울 텐데…!

아이: 우와! 엄마, 어디 숨어 있나 찾아봐요! 아~

본인이 원하는 걸 지금 당장 하자고 조르는 아이에게

아이: 엄마, 우리 지금 빨리 놀이터에 가요.

엄마: 안 돼, 밥 먹어야 해.

(무작정 안 된다는 말 대신에 언제 아이의 바람이 실현될 수 있는지 알

려주세요.)

엄마: 솔아, 지금은 밥 먹을 시간이야. 밥 다 먹고 1시간 뒤에 가자.

생활 속에서 예스 습관을 들일 때 '놀이의 힘'을 빌리면 한층 더 수월합니다. 특히 세수하기, 목욕하기, 양치질하기, 청소하기 등 귀찮고 미루고 싶지만 꼭 해야 하는 일들은 놀이로 유도해서 해보는 것을 제안합니다. 놀이화하면 아이들은 하기 싫은 일도 게임이라고 생각하고 즐거운 마음으로 참여하게 되지요. 놀이화하는 방법은 온전히 부모의 재량입니다. 새로운 게임을 창조한다는 마음으로 아이와 함께하는 활동들을 즐겁고 경쾌하게 하다 보면 아이와의 실랑이도 줄어듭니다. 무엇보다 아이와 온전히 교감하고 있다는 생각에 부모로서의 자신감도 높아집니다. 아이와 부대끼는 시간 자체를 하나의 놀이이자 즐거운 활동으로 승화시키는 것, 그 자체가 바로 생활예술입니다.

긍정의 힘을 키우기 위한 부모 연습

잠들기 전 아이에 대한 부정적인 생각을 긍정적인 생각으로 바꿔서 이미지화해보세요. 《달라이 라마의 행복론》(달라이 라마, 하워드 커틀러 지음, 류시화 옮김, 김영사, 2001)이란 책에서는 행복에 이르는 길을 다음과 같이 말하고 있습니다.

"마음의 수행이란 긍정적인 생각들을 키우고, 부정적인 생각들을 물리치는 일이다. 이 과정을 통해 진정한 내면의 변화와 행복이 찾아온다."

설사 아이와 큰 부딪침이 있어 힘든 하루를 보냈다고 해도, 하루를 마치고 잠자리에 들 때는 아이의 아름다운 모습을 떠올려보세요. 아이의 행복한 모습을 떠올려보고, 우리가 바라는 건강한 아이의 모습을 마음속으로 그려봅니다. 어렵지 않은 일이니 당장 오늘 밤부터 해보시길 제안합니다. 잠들기 전 편안한 자세로 누워 아이의 행복한 모습, 건강한 모습을 떠올리다 보면 내일 아침, 다시 행복한 하루를 맞이할 준비가 되어 있을 것입니다.

아이 마음을 알아주는 단 한 사람
– 공감

시간이 없다. 인생은 짧기에, 다투고 사과하고
가슴앓이하고 해명을 요구할 시간이 없다.
오직 사랑할 시간만이 있을 뿐이며 그것은 말하자면 한순간이다.
_마크 트웨인

어느 날 친정어머니를 모시고 병원에 갔습니다. 진료를 기다리는 동안 한 아이와 엄마의 대화를 듣게 되었습니다. 아이는 주사를 맞을까 봐 잔뜩 겁을 먹고 있었어요. 진료실에 들어가기 싫다고 떼를 쓰고 있었지요.

아이: 나 안 갈래! 주사 맞으면 아파.

엄마: 하나도 안 아파. 걱정하지 마.

아이: 주사 아파.

엄마: 괜찮아! 주사 잘 맞으면 집에 갈 때 사탕 사줄게.

엄마가 겁먹은 아이를 위로해주려는 것은 이해가 됩니다. 하지만 그 대화를 들으면서 아이의 마음을 먼저 읽어주면 좋을 텐데, 하는 아쉬움이 들었습니다.

아이는 이미 경험으로 주사가 아프다는 사실을 알고 있습니다. 그런데 엄마는 하나도 안 아프다고, 괜찮다고 하면 아이가 엄마의 말을 신뢰할 수 있을까요? 아이의 걱정을 무시하거나 일축하는 대신 아이의 겁먹은 마음을 알아차려주면 아이 입장에서는 그 자체만으로도 유대감, 교감을 느낍니다. 그러고 나면 아이는 아무리 힘든 일이어도 감당하려고 노력하게 되지요.

"매우 겁나는구나. 무섭기도 하고. 주사 맞을 때 따끔하게 아프지. 엄마도 주사 맞으면 아파. 그래도 씩씩하게 용기를 내보자! 엄마는 네가 충분히 감당할 수 있다고 믿어." 아이를 안아주고 다독여주면서 그렇게 이야기해주면 아이는 어려운 상황을 무조건 피하고 무서워하기보다 견딜 만한 것, 해결할 수 있는 것으로 경험할 수 있습니다. 아이는 엄마가 자기의 힘든 마음을 알아주기만 해도 충분하니까요.

병원에 간 아이가 느끼는 두려움은 너무나 자연스러운 감정입니다. 중요한 건 두려움을 느끼지 않는 게 아니라, 기꺼이 두려움을 받아들이고 부딪쳐나갈 내면의 힘, 즉 회복탄력성을 키우는 것입니다. 아이가 어려움에 부닥쳤을 때 바로 해결해주려고 하기보다는 아이가 스스로 해결할 수 있는 시간을 충분히 주고 곁에서 지켜봐주는 것도 큰 도움이 됩니다. 부모가 할 일은 아이가 품고 있는 보물 같은 잠재력을 제약 없이 펼쳐나갈 수 있도록 거리를 두고 지켜보며 필요에 따라 응답해주고 격려해주는 것뿐입니다. 문제를 탐구할 수 있는 충분한 시간이 주어지면 아이들은 스스로 커나가는 내면의 힘이 있으니까요.

아이의 마음을 읽고, 공감하고 지켜봐주는 대화의 예시를 한 가지 더 살펴볼까요?

아이: 엄마 싫어, 엄마 미워! 엄마가 죽었으면 좋겠어!

엄마: 엄마한테 그런 말 하면 안 된다고 했지? 그런 말 하면 안 되는 거야.

이 대화는 어떻게 바뀔 수 있을까요?

아이: 엄마 싫어, 엄마 미워! 엄마가 죽었으면 좋겠어!

엄마: 정말 화가 났구나. 너무 늦어 집에 가야 한다고 해서 속상하구나. 친구랑 더 놀고 싶은 네 마음은 아는데, 어쩌지?

먼저 아이가 왜 그런 말을 하는지 파악하고, 아이의 속상한 마음이나 감정을 읽어줍니다. 그러면 놀랍게도 아이는 엄마가 듣고 싶은 말을 먼저 하는 경우가 많습니다. 앞서의 대화에서라면 "내일 또

놀아도 돼요"와 같은 말이겠지요.

만 7세 이전의 아이들은 아직 인과관계를 이해하기 어렵습니다. 논리적 사고력이 발달하지 않아 상황을 설명해도 잘 이해하지 못합니다. 또한 어른과 아이의 말은 표현은 똑같아도 그 의미가 다를 수 있습니다. "엄마 미워, 죽었으면 좋겠어" 하는 무서운 말도 정확한 의미를 모른 채 단지 주변에서 들은 말을 따라 감정적으로 토해낸 말일 가능성이 높습니다.

사람들은 자기 경계를 침범당하면 대부분 공격적으로 반응합니다. 우리 뇌는 일단 위협을 느끼면 보호 본능이 발동되어 공격적으로, 싸울 태세로 전환된다고 하지요. 사랑하는 부모에게 공감을 받지 못하면 아이는 감정 조절도, 타인과 건강하게 교감하는 방법도 배우기 힘들어집니다.

최근에 읽은 재미난 연구 결과를 소개합니다. 심리학 교수 바버라 프레드릭슨은 사람 사이의 상호작용을 오랫동안 연구했습니다. 그는 두 사람이 즐겁게 함께하는 순간에 나오는 파장을 '긍정적 공명'이라고 부릅니다. 이 긍정적 공명은 두 사람의 뇌와 신체에 동시에 퍼지며 삶에 대한 시야를 넓혀주고 건강에도 도움이 된다고 합니다.

"사랑은 우리의 신체적 관점에서 볼 때, 좋은 감정과 서로가 돌보고 있다는 느낌의 생물학적 파문을 만듭니다. 우리의 삶에서 찰나의 긍정적

순간인 '긍정적 공명'은 우리 몸에 좋은 음식과 신체 활동이 필요한 것처럼 우리에게 필요합니다. 이 찰나의 긍정적 순간들은 함께한 양쪽 모두에게 영향을 줍니다. 이러한 찰나의 긍정적인 순간들을 더 많이 가질수록, 여러분은 더 행복해지고 더 건강해지고 더 현명해집니다."*

두려움과 부정적인 감정은 그 감정을 처리하는 데도 많은 에너지를 쏟게 합니다. 자칫 체력까지 고갈시키기도 합니다. 그러나 긍정적인 감정은 그러한 감정을 느끼는 사람뿐만 아니라 공유하는 사람에게도 좋은 영향을 미칩니다. 즉, 내 안에서 즐거움을 찾고 주위 사람들과 나누면 행복이 더 커진다는 말이지요. 행복도 반복되는 경험으로 습관이 될 수 있습니다. 부모와 아이가 공감과 소통으로 긍정적인 감정을 공유하면 아이의 내면에는 자연스레 신뢰와 긍정의 에너지가 쌓여갈 것입니다. 기쁨은 온 가족에게 꼭 필요한 음식입니다.

미래학자 토머스 프레이는 미래 사회의 인재에게 요구되는 능력으로 회복탄력성, 창의성, 소통력, 비판적 사고, 협업 능력, 문제 해결 능력, 유연성을 꼽았습니다. 또 많은 연구들이 예측할 수 없는 미래 사회에서는 우뇌의 힘이 더욱더 요구된다고 밝히고 있습니다.

* 'Sharing your joy with your children', Kerry Ingram, 북아메리카 라이프웨이스 홈페이지.

그렇다면 회복탄력성, 창의성, 유연성을 어떻게 키워나갈 수 있을까요? 나와 생각이 다르다고 해서 그것을 옳고 그른 것, 맞고 틀린 것으로 단정 짓는 것이 아니라 서로의 다름과 차이를 이해하고 함께 해결 방안을 만들어나가는 태도가 필요합니다. 갈등은 내 입장에서만 남을 바라보고, 서로의 차이점을 다른 점이 아니라 나쁜 점으로 보기 때문에 생기는 경우가 많습니다.

부모와 아이 사이에 갈등과 긴장이 생기고 훈육이 필요할 때도 힘들다는 이유로 그 순간을 무마시키려 하기보다는 서로 배우고 성장할 기회로 기쁘게 받아들여야 합니다. 부모가 먼저 아이의 모습을 있는 그대로 받아들이고, 아이의 관점에서 한번 바라보세요. 삶이 아름답고 살맛 난다고 느낄 때는 뭐니 뭐니 해도 함께하는 가족이 서로의 마음을 따뜻하게 읽어줄 때가 아닐까요?

공감의 힘을 키우기 위한 부모 연습

'지금 여기'에 집중하고, 입장 바꿔 생각하기

달라이 라마는 "타인들도 나와 똑같이 고통받고 있고, 똑같이 행복을 원하고 있다. 이러한 사실을 이해하는 것이 진정한 인간관계의 시작이다"라고 말했습니다. '지금 여기'에 사는 아이처럼 부모 또한 '지금 여기'에 깨어 있을 때 아이의 마음을 잘 읽을 수 있습니다. 처지를 바꿔 생각하는 데서 갈등이나 오해를 풀어가는 좋은 화합이 시작되지요. 하던 일을 과감히 멈추고, 아이와 고요히 마주 앉아보세요. 아이와 눈을 맞추고 먼저 아이가 하고 싶은 말을 자유롭게 할 수 있도록 해줍니다. 편안하고 고요한 시간이 많아질수록 서로의 공감대가 넓어지고 포용력도 커질 것입니다.

내 아이 관찰하는 내공을 쌓게 해주는 '하루 10분 식물 관찰'

아이가 어릴 때는 아이를 관찰하는 시간이 많습니다. 눈과 코가 어떻게 생겼는지, 발가락의 크기와 눈의 생김은 어떠한지 등 보고 또 봐도 질리지도 않고 새로운 것을 발견하고 감탄하지요. 아이가 울 때도 배가 고픈 건지 잠투정인지 등 울음소리의 미묘한 차이를 구분해내기도 합니다.

그런데 아이의 자아가 생기고 고집이 생기면서부터는 관찰 없이 그냥 대처할 때가 많아집니다. 아이의 마음을 주의 깊게 관찰하는 힘을 키우기 위해서는 부모도 연습이 필요합니다. 자연을 관찰하는 습관을 만들면 아이를 관찰하기가 훨씬 수월해집니다.

매일 같은 장소에서, 같은 방법으로, 정해진 시간에 집 주변에 있는 꽃이나 나무 하나를 골라 10분 동안 관찰하기를 꾸준히 해보세요. 한동안은 잡념 때문에 집중하기가 어렵게 느껴질 수 있습니다. 저도 처음에는 10분이 아주 길게 느껴졌어요. 괜찮습니다. 다른 생각이 나면 그때마다 알아차리고, 다시 식물 관찰을 이어나가면 됩니다.

하루 10분 식물 관찰이 습관화되면 분주한 일상생활 속에서도 순간순간 고요함을 찾을 수 있습니다. 그러다 서서히 아이의 미묘한 변화도 잘 알아차리게 되지요. 아이들과 공감하고 소통하기가 한결 나아질 거예요.

아이들은 재미있는 엄마를 좋아한다
- 유머

큰 슬픔을 견디기 위해서
반드시 그만한 크기의 기쁨이 필요한 것은 아닙니다.
때로는 작은 기쁨 하나가 큰 슬픔을 견디게 합니다.
_신영복

세 아이를 키우는 한 엄마가 부모 모임에서 들려준 경험담입니다.

"한 번 외출할 때마다 준비해서 나가는 데 시간이 너무 오래 걸려 그나마 있던 에너지도 다 탕진할 정도로 지치곤 했어요. 그래서 외출 준비를 할 때 아이가 딴짓을 하면 '칙칙폭폭 칙칙폭폭 기차가 떠납니다!' 노래를 부르면서 마치 기차 역장처럼 연기를 했지요. 그랬더니 아이들도 잽싸게 준비를 하더라고요. 그때부터 외출이 쉬워졌어요.
어느 날은 차를 타고 가는데 교통체증이 심하자 세 아이가 지루하다고 짜증을 냈어요. 그때 '어디까지 왔니? 한 고개 넘었다. 어디까지 왔니?

두 고개 넘었다' 하면서 아이들과 함께 주거니 받거니 노래를 부르며 달래주었어요."

아이가 일상에서 일어나는 변화를 힘들어할 때는 함께 장난치면서 전래 동요를 불러보세요. 스트레스 상황을 놀이를 통해 재미있는 순간으로 탈바꿈시킬 수 있습니다. 아이들은 변화를 어떻게 받아들여야 할지 즐겁게 알려주는 엄마를 간절히 원합니다. 좋아하는 재미난 노래를 즐겨 부르세요. 아이들에게 건강한 웃음과 즐거운 마음을 선물하는 것입니다! 음악은 머리가 아니라 마음에 오래 새겨집니다.

초등학교 아이들을 대상으로 진행한 '선생님에게 가장 바라는 점은 무엇인가요?'라는 설문 조사의 결과를 읽은 적이 있습니다. 아이들의 첫 번째 대답은 '수업을 재미있게 해주세요'였습니다. 두 번째는 '편애하지 마세요'였고요. 아이들은 재미있게 배우고 싶어 하고, 친구와 비교하지 않고 나를 존중해주는 선생님을 원합니다. 배우려는 의지와 호기심은 선생님도 부모도 억지로 만들어줄 수 없습니다. 감수성과 관찰력도 아이의 내부에서 만들어지는 호기심을 통해 커나갑니다. 지치지 않고 새로운 것을 찾아 배우고 알아나가기 위해서는 공부와 배움 그 자체에 흥미를 느낄 수 있어야 해요. 그렇다면 가장 먼저 재미가 있어야 하지 않을까요?

경험 많은 한 의사 선생님의 설명이 재미있습니다. 보통 소아과 의사는 아이의 목을 자세히 관찰하겠다고 아이에게 "아! 하고 입 벌려볼래?" 하면서 진찰 도구를 들이밉니다. 아이는 그 순간 입을 벌리고 있는 게 괴로운 일이 되지요. 제가 존경하는 어느 의사 선생님은 아이에게 "하~ 소리 내볼래?" 하고 말한다고 해요. 그러면 아이 혀를 억지로 누르고 있지 않아도 쉽게 아이의 목 상태를 관찰할 수 있다고 합니다. 아이들에 대한 이해와 배려가 있기에 가능한 방법이자 나름의 유머라는 생각이 들었습니다.

틱낫한 스님은 "웃을 일이 없는데 어떻게 웃습니까?" 하는 사람들의 질문에 다음과 같이 대답했습니다.

> "웃음을 수행으로 삼아라. 숨을 깊이 들이쉬면서 입가에 웃음을 띠어라. 긴장은 일시에 사라지고 기분은 좋아질 것이다. 마음속에 기쁨이 생길 때까지 기다릴 이유가 없다. 그냥 먼저 웃어라. 웃음은 여유와 고요를 불러오고 기쁨을 솟아나게 하는 힘을 지니고 있다."*

웃을 일이 없을 때도 거울을 보며 나를 위해 활짝 웃어보면 어떨까요? 긴장을 풀고 아이들과 함께 활짝 웃어보세요. 아이들은 무엇보다 즐겁게 함께 노는 부모를 가장 좋아합니다.

옛날이야기에도 한 나라의 권력을 차지한 왕이나 공주가 웃음

* 《힘》(틱낫한 지음, 진우기 옮김, 명진출판사, 2003), 84쪽.

을 잃어 고생하는 이야기가 종종 나옵니다. '아무것도 가진 것 없는 가난하고 힘없는 젊은이가 공주를 웃게 만들어 병이 다 나아 결혼하고 행복하게 살았다'라는 이야기도 있지요. 그만큼 웃음은 사람의 묵은 감정과 부정적인 에너지를 순식간에 무력하게 만들고 우리의 마음을 자유롭게 해줍니다.

생활에 여유가 있으면 유머 감각은 자연스럽게 피어납니다. 그러나 생활이 분주하고 팍팍하면 유머 감각은 소리 없이 사라지지요. 사람마다 어려움을 극복해나가는 방어기제가 다 다릅니다. 그러한 방어기제는 오랫동안 스스로 터득해온 방법이자 습관이기 때문에 쉽게 고쳐지지 않고, 남이 강요한다고 해서 바뀌지도 않지요. 하지만 웃음은 만병통치약이라고도 하듯이 가끔은 쥐어짜내서라도 유머 감각을 발휘하는 것이 필요합니다. 거실에 유머책 한 권을 두면 요긴하게 쓸 때가 있을 겁니다. 가끔 책에서 재미난 일화를 읽고 가족과 나누는 것도 생활의 활력이 될 수 있으니까요.

유머 감각은 한 발 물러나 바라보는 느긋함에서 키워집니다. 아이들을 느긋하게 지켜보면 오히려 부모 자신을 위한 달콤한 순간을 맛볼 기회도 더 많아지지요. 나와 타인 사이에 적당한 심리적 간격이 필요하듯이 부모와 아이 사이에도 거리와 여백이 필요합니다.

'지금 여기'를 즐기는 아이들은 생동감 넘치는 경이로운 눈으로 세상을 바라봅니다. 우리가 아이처럼 상상의 눈으로 주변을 바라보면 '아이와 어떻게 소통할 것인가?'라는 고민을 해결할 실마리가 보일 것입니다. 노래, 이야기, 움직임, 상상 놀이를 통한 부모의 유머 감각은 아이의 방어기제를 느슨하게 만듭니다. 다양한 유머로 접근해보세요! 한 가지 주의할 점은 아이의 모습을 조롱하거나 비웃어서는 안 된다는 것입니다. 다른 아이와 비교하거나 아이의 모습을 가지고 농담하는 유머는 적합하지 않습니다.

몇 가지 상황 예시를 통해 일상에서 유머 감각을 살릴 수 있는 방법을 함께 살펴보겠습니다.

아이가 이유 없이 짜증 내고 심술을 부릴 때

아이의 이유 없는 짜증과 심술에는 엄마도 짜증이 납니다. 순간 욱하고 화가 치밀지만 가라앉히고 아이에게 이런 수수께끼를 내보면 어떨까요?

"어떻게 닭이 건널목을 건널 수 있을까?"

"어떻게 벌이 곰을 혼낼 수 있을까?"

"어디에서 햇빛이 오는 거지?"

심통을 부리던 아이는 갑자기 진지해져서 수수께끼의 답을 찾기 시작할 거예요.

또 다른 방법으로 아이의 행동이나 말을 거울처럼 그대로 흉내 낼 수도 있습니다. 아이의 도끼눈을 보고 엄한 표정으로 훈육하는 대신 아이의 행동을 거울처럼 흉내 내는 것이지요. 이 방법은 무겁고 경직되어 있던 분위기를 단번에 경쾌하게 바꿔줍니다. 아이는

'지금 이 순간'에 살기 때문에 180도 다른 방향으로 쉽게 전환할 수 있습니다. 또한 아이들은 몸으로 웃길 수 있는 부모를 좋아하지요.

아이가 유난히 딴짓을 하거나 말대답을 할 때

아이와 함께 청소를 시작했는데 유난히 딴짓을 하거나 말대답을 할 때가 있을 거예요. 그럴 때는 맞대응하지 말고 재미난 상황을 연출해봅니다.

"산골짝의 다람쥐가 도토리를 줍고 있네."

이때 다람쥐가 도토리를 줍는 모습을 흉내 내며 어질러진 것들을 정리합니다.

엄마가 '메리 포핀스'처럼 노래하거나 춤을 추며 재미있는 동작을 하면 순간을 사는 아이들은 조금 전까지 고집을 부렸던 것도 까마득히 잊고 숨넘어갈 듯이 웃습니다. 이유 없이 팽팽한 긴장감이 감돌던 분위기도 단번에 풀어질 거예요.

너무 큰 목소리로 집 안에서 소리를 지를 때

아이가 집 안에서 너무 크게 소리를 지를 때도 있습니다. 그때는 "소리 지르지 마!" 하는 말 대신에 엄마가 먼저 목소리를 낮추고 아이에게 귓속말로 아주 천천히 속삭입니다. "뭐라고? 잘 안 들려!" 이런 말을 속삭이듯이 아이의 귀에 대고 해주세요. 그럼 아이도 금세 조용히 말하기 시작합니다.

일상에서 유머 감각을 살릴 수 있는 방법에는 놀이를 이용하는 방법도 있습니다. 간단한 예를 들어볼까요?

손가락 인형 놀이

손가락 인형은 아이들에게 즐거운 에너지를 선물해줍니다. 달팽이 모양으로 간단한 손가락 인형을 만들어 주머니 속에 넣어두었다가 필요할 때마다 아주 천천히 단순하게 움직이는 것도 아주 효과적입니다. 만약 손가락 인형이 없을 때는 열 손가락을 손가락 인형처럼 천천히 움직여도 좋아요.

상상 놀이

아이에게 설명하거나 지시하지 않고 상상의 이미지를 그려줄 수 있습니다. 예를 들면 추운 겨울날 등교 준비를 하는데 아이가 답답하다며 겨울 바지를 안 입으려고 떼를 쓸 때가 있지요. 그럴 때는 "추운데 바지 입고 가야지" 하면서 설명하고 실랑이하기보다는 "옛날에 너구리가 아주 좁고 긴 어두컴컴한 터널(바지)을 지나 빠져나왔대"라고 하며 상상의 이미지를 그려주세요. 그러면 아이는 바지를 긴 터널로 상상하면서 즐겁게 입기도 할 거예요. 설명하지 않고 상상 이야기를 들려주면 마법의 문이 열립니다. 이런 예시를 좀 더 살펴볼까요?

"바깥에 나가야 하니까 양말 신어!"

"토끼굴(양말)에 들어간 토끼가 '너무 따뜻해!'라고 말하네. 우리도 얼마나 따뜻한지 들어가볼까!"

"또 이불 차고 자네. 잘 덮어야지!"

"땅속의 많은 꽃씨는 겨울 동안 푹신한 눈 담요를 덮고 잔대."

"비누 미끄러우니까 만지지 마!"

"비누 아저씨는 자기 집(비누 받침)에서 조용히 쉬는 걸 좋아한대."

"동생 때리지 말라고 했지! 몇 번이나 말해야 알아듣니?"

"어이쿠, 소리가 이상하네? 피아노 음계 조율을 해봐야겠어."

(아이의 손가락 하나하나를 톡톡 치면서 조율하는 흉내를 냅니다.)

"이제 소리가 제대로야!"

"조용히 해! 떠들지 마!"

"저기 작은 요정이 잠들어 있네."

"조용해지면 나타나려고 촛불 난쟁이가 저기서 기다리고 있어."

"어서 낮잠 자자!"

"나무 위에 있는 엄마 새가 아기 새들에게 낮잠 잘 시간이라고 말하네."

엄마들이 준비하고 가족들 앞에서 공연한 인형극

우리가 아이처럼 상상의 눈으로 주변을 바라보면
'아이와 어떻게 소통할 것인가?'라는
고민을 해결할 실마리가 보일 것입니다.
노래, 이야기, 움직임, 상상 놀이를 통한 부모의 유머 감각은
아이의 방어기제를 느슨하게 만듭니다.

유머 감각을 키우기 위한 부모 연습

무엇보다 양질의 숙면과 에너지 충전이 중요합니다. 부모의 에너지는 아이에게 고스란히 전달되기 때문이에요. 유머 감각은 숙면을 취한 기분 좋은 뇌(쾌뇌)에서 시작됩니다.

미하엘 엔데의 책《모모》에 나오는 '시간 도둑'처럼 현대인은 늘 시간에 쫓기고 있습니다. 가만히 있으면 도태될 것 같은 두려움에 뭐라도 열심히 해야 불안함을 떨칠 수 있지요. 게다가 자는 시간이 아깝다며 밤잠을 줄이려고 노력하기도 합니다.

그러나 많은 연구에서 우리의 뇌는 정리되지 않은 채로 있던 많은 정보를 숙면하는 동안 재정리한다고 이야기하고 있습니다. 한의사 김홍균 선생님의 말씀이 생각납니다.

> "당뇨도 재우니까 혈당이 떨어지고 나았습니다. 아토피, 감기도 잘 재우니까 빨리 낫고 아픈 기간도 짧아졌지요. 주의력 결핍도 재우니까 나았습니다."

오랜 임상 경험을 통해 겪은 바, 아이나 어른이나 치료의 첫째는 자연의 리듬에 맞춘 충분한 수면이라는 이야기였습니다. 무엇보다도 충분한 양질의 수면이 보약이라고 해요. 아무리 좋은 엔진을 가진 성능 좋은 차라도 기름을 채우지 않으면 달릴 수 없습니다. 타고

난 체력이 아무리 좋아도 밤잠을 자지 않으면 면역력과 체력이 떨어질 수밖에 없습니다. 육아는 부모의 체력은 물론 인격도 시험받는 힘든 과정이기 때문에 부모의 에너지 충전이 아주 중요합니다.

Interview

이웃 나라 할머니의 지혜, 다시 엄마 이야기

아이와의 행복한 관계를 위한 파멜라 선생님의 제안

파멜라 퍼킨스

(라이프웨이스 교육예술가)

파멜라 퍼킨스Pamela Perkins 선생님은 각자의 가정을 꾸린 세 딸과 손녀딸들을 돌보며, 미국 버몬트주에 살고 있습니다. 40년이 넘는 교직 경험을 바탕으로 아이들을 위한 치유 이야기를 쓰고, 인형극, 노래 부르기, 악기(하모니카, 피아노, 우쿨렐레) 연주를 즐겨 합니다. 파멜라 선생님은 평생 유기농·생명역동 농업으로 텃밭을 가꾸며 양육과 사회 정의를 위한 활동들을 꾸준히 해왔습니다. 어린이부터 대학생까지 다양한 연령의 학생들을 가르쳐왔습니다. 또한 어린아이들을 위한 국가연합회의 운영위원, 주 정부 사회복지기구와 주 정부 자문위원 등 많은 일들을 열정적으로 해왔습니다.

할머니로서 요즘의 일과는 어떤가요?

5명의 손녀가 있어요. 열세 살인 큰 손녀와 열한 살인 손녀 3명, 그리고 한 살난 손녀에요. 우연히 세 딸이 같은 해에 출산해 3명의 동갑내기 손녀딸을 만나는 축복을 누렸지요. 제가 하와이에 살 때는 큰딸의 아이들인 세 손녀를 돌보았어요.

요즘에는 하루, 일주일의 리듬에 따라 가끔 손녀들을 돌보며 홀가분한 독립생활을 즐기고 있습니다. 그동안 모든 양육 경험이 제 삶을 더 역동적으로 만들고 따뜻하게 채워주었어요. 매 순간의 경험이 제 삶을 풍성하게 해주었고, 삶의 의미를 더해주었습니다. 아이들은 계속해서 우리 주변을 마법의 공간으로 만들어주고 있어요. 아이들을 지켜보는 제 마음에는 조용한 기쁨이 쌓여가고 있답니다.

자녀들과 나누고 싶은 삶의 가치가 있다면 무엇인가요?

서로에 대한 존중입니다. 서로를 존중하려면 우리 주변의 모든 생명체와 자연에 대해서도 듣는 방법을 배워야 해요. 바람과 벌의 소리부터 동의하지 않는 사람들의 이야기까지 주의 깊게 듣는 방법을 배우면 좋겠습니다. 타인이 당신을 위해 봉사하기를 기대하기보다는 타인을 위해 먼저 봉사하는 태도를 가지는 것이 중요한 가치라고 생각합니다.

또한 청소년들이 디지털 기기를 적당히 사용하고, 다른 활동과 균형을 맞추기를 간절히 바랍니다. 저의 세 딸은 자라날 때 다양한 활동을 했습니다. 요리를 배우고 노래와 악기 연주도 했어요. 또한 집을 건강하고 깨끗하게 가꾸어나갈 줄도 압니다. 소젖을 짜거나 자동차 타이어를 바꾸는 방법도 잘 알고 있지요.

첫째 딸은 농부이고, 둘째 딸은 변호사이고, 셋째 딸은 산부인과 간호사입니다. 손녀딸들도 건강하고 씩씩하게 자라나고 있어요. 싱글맘으로 세 딸을 키우는 과정이 결코 쉽지 않았지만 우리는 함께 노력하며 생활해왔습니다.

엄마로서, 할머니로서 가장 즐거웠던 경험은 무엇인가요?

무엇보다도 탄생의 경험입니다. 네 손녀딸의 출생 과정에 참여했고, 집에서 손녀딸들을 돌보았어요. 기적 같은 탄생의 과정을 함께하는 일은 생명에 대한 존중으로 가득 찬 멋진 경험이었습니다. 또 하나는 아이들과 함께 텃밭을 가꾸었던 일입니다. 아이들은 텃밭을 가꾸는 동안 심지도 않은 야생화들을 발견했을 때 특히 즐거워했어요. 그 꽃으로 꽃다발을 만들거나 작은 요정의 집을 꾸미기도 했지요. 그 외에도 마루에 담요와 베개를 쌓아놓고 그곳에 뛰어들면서 아주 행복한 시간을 보내기도 했고, 상상 놀이와 인형 놀이로 함께 이야기를 만들고 표현하면서 언어를 새롭게 발견하는 즐거움도 누렸어요. 집과 같은 아늑한 환경에서 아이들은 일상생활의 리듬에 따라 천천히 자유롭게 생활했습니다.

아이들을 키울 때 특별히 어려웠던 점이 있었나요? 그 어려움을 어떻게 극복했는지 나누어주시겠어요?

막내딸이 독일에 사는 친구의 초청을 받아 독일 학교에 교환학생으로 가게 되었어요. 그때 저희는 하와이에 살고 있었기 때문에 아이는 미국 동부에서 독일까지 혼자 가야 했지요. 그래도 설렘으로 준비하고 있었는데, 독일에 가기 딱 일주일 전에 9·11 사건이 일어났어요. 저는 두려움 때문에 어떻게 해야 하나 결정할 수 없었습니다.

그런데 딸은 아주 명료하게 말하더군요. "내가 비행기를 타면 누군가가 나를 지켜줄 거예요. 가겠어요. 이게 제 운명이에요. 전혀 예측하지 못한 일이 일어났지만, 이것 또한 제 삶으로 받아들여야 해요." 그때 저는 '아이마다 자신만의 독특한 삶의 목적과 방향이 있구나. 그 일을 이루기 위해서라면 만나야 할 사람을 만나고, 관계를 맺게 되는구나!' 하며 매우 큰 깨달음을 얻었습니다. 제가 통제할 수 없을 때 내려놓는 방법을 배운 기회였지요.

막내딸은 나흘에 걸쳐 긴 여행을 했습니다. 물론 그동안 저는 아주 많이 마음을 졸였어요. 마음을 진정시키기 위해 계속 시를 낭송했지요. 다행히 딸은 안전하게 도착했습니다. 그리고 특별하고 재미있는 1년을 보냈어요. 다시 집에 돌아왔을 때, 아이의 가방에는 독일에 갈 때 챙겨 간 옷이 하나도 없었어요. 대신 무려 30여 킬로그램의 독일, 스위스 초콜릿이 잔뜩 들어 있었답니다.

아이를 키우는 엄마들에게 들려주고 싶은 삶의 지혜가 있으신가요?

'슬로우 다운Slow Down!' 천천히 살아가세요. 그리고 더 많은 시간을 노는 데 쓰세요. 저는 싱글맘으로 열심히 일하면서도 세 딸과 함께, 때로는 일대일로 별도의 시간을 보낸 것에 감사합니다. 딸들과 특별히 나눈 경험, 추억의 순간들 때문에 아이들이 사춘기 때에도 긴밀한 관계를 유지할 수 있었어요. 사춘기를 지나서도 딸들과 함께한 모든 순간들이 선물이었어요.

지금 세상은 제가 아이를 양육할 때와는 달리 아주 빠르게 변하고 있습니다. 젊은 세대에게는 앞으로 점점 더 회복탄력성이 요구될 겁니다. 미래의 세계에서 살아갈 아이들을 위해 우리 부모들이 도와줄 일이 있습니다. 섣불리 변화의 방향을 예측할 수 없는 세상에서 살아갈 아이들에게는 그 어느 때보다 고난과 역경을 극복할 힘, 회복탄력성, 자기 확신이 필요합니다.

또한 아이들이 상상력을 키워나갈 수 있도록 마음껏 자유롭게 놀 수 있도록 하세요. 자연과 함께하는 시간을 충분히 마련해주세요. 부모와 건강한 관계 맺기를 배우는 것도 아주 중요합니다. 하루하루를 생동감 있게 꾸려가고, 아이와 만나는 매 순간을 즐겁고 멋진 순간으로 만드세요! 저 또한 그렇게 살아왔어요. 아이들과 일상을 살아가는 데 필요한 생활예술을 배우고 적극적으로 함께하세요. 매일 아이들에게 이야기를 들려주고 또 읽어주세요! 그리고 가능한 한 매일 아이들과 노래를 부르세요. 이것은 지난 50여 년 동안 제가 건강하게 살 수 있었던 영혼의 음식이기도 합니다.

현재 어린아이를 양육하고 있는 젊은 엄마들에게 특별히 조언하고 싶은 내용이 있나요?

젊은 엄마들에게는 특히 꼭 자신을 위한 시간을 만들라고 부탁하고 싶어요. 하루에 단 5분이라도 규칙적으로 시간을 내세요. 어떤 조건에서도 그 시간만큼은 꼭 규칙적으로 당신을 위해 사용하세요. 그것이 자신과 아이들은 물론 다른 사람을 위해서도 좋습니다. 기공, 요가, 명상, 기도, 뭐든지 좋아요. 아무리 바쁘더라도 자기 내면의 핵심과 만나는 시간을 꼭 확보하고, 삶의 균형을 잃지 않도록 노력하세요.

일상생활에서 많이 노래하고 많이 웃으세요! 가능한 한 다른 여성들과 친목을 도모하는 시간을 가지세요! 여성은 함께 나눌 다른 여성이 필요합니다. 엄마들은 더욱 그렇습니다. 외로움과 단절은 폭포가 강바닥을 침식시키는 것처럼 사람의 잠재력을 저하시키고 급기야는 무력하게 만듭니다.

또한 교육 분야의 책을 읽으며 깨달은 내용을 삶에서 내 것으로 깊이 체화하고 내면화하는 과정이 중요합니다. 앎이 하루하루의 삶에 스며들기 위해서는 가슴으로, 행동으로 체험하고 정리하는 과정이 꼭 필요합니다. 그렇지 않으면 머리로 깨달은 지식으로만 머물고 맙니다. 삶에서 우러나오는 지혜로 탈바꿈되지 못합니다.

마지막으로 당신의 마음을 울리는 시나 기도문과 같은 글을 찾아 외워보세요. 삶의 변화나 굴곡을 마주할 때마다 내면을 더욱 강건하게 만들어 지혜롭게 헤쳐나갈 수 있게 도와줄 것입니다.

부모가 일상을 소중하게 가꾸어나가는 활동이 왜 유의미하다고 생각하시나요?

그 이유는 너무 많아서 책 한 권을 써야 해요. (웃음) 일상을 의미 있게 꾸려가는 것은 혼란스럽고 점점 더 비인간적으로 변해가는 세상에서 아이들과 가족들의 회복력을 키우는 생명줄Lifeline이라고 생각합니다. 물질문명의 황폐함과 위험성은 판도라의 상자와 같아서 우리가 원한다고 다시 닫을 수도 없습니다. 그 기계적인 힘은 점점 더 커지고 있지요. 일상을 소중하고 가치 있게 꾸려가는 활동은 가정 안에서 서로 돕는 건강하고 친밀한 관계를 형성하는 데 꼭 필요하다고 생각합니다. 가족 구성원 누구에게나 필요한 자기 성장의 길이기 때문입니다.

설령 양육의 가치가 사회에서 제대로 평가받지 못한다고 해도, 누구나 하는 일이라는 이유로 그 의미를 과소평가하거나 간과하지 않았으면 합니다. 영유아 교사와 주 양육자인 엄마의 사회적 지위가 낮아도, 사회에서 양육의 가치를 종종 무례할 만큼 홀대해도 말입니다. 누군가 저에게 "너는 그냥 아이들을 돌보기만 하고 있을 뿐이야"라고 말한다면 저는 단호하게 '그렇지 않다'고 대답할 겁니다.

양육의 과정이 아무리 힘들더라도 먼 미래를 위해 진정으로 헌신해야 합니다. 아이를 양육하고, 가족의 삶과 건강을 챙기며 일상을 소중하게 가꾸어나가는 일보다 더 훌륭한 인생의 선물은 없습니다.

요즈음 많은 아이가 일찍부터 인지 중심 교육을 시작하고 있습니다. 40년이 넘는 교육 경험을 바탕으로 부모들에게 전하고 싶은 말이 있으신가요?

어린 시절에 받은 추상적인 인지교육은 아이들의 내면에 제대로 자리 잡지 못합니다. 오히려 훗날 성인이 되었을 때 발휘될 잠재력을 파괴하는 위험도 있습니다. 부모는 아이의 마음에 성인이 되기 전까지는 드러나지 않는 씨앗을 심는 사람들입니다. 만약 교육 방향에 아직 자신이 없다면 먼저 아이들의 발달 과정에 관한 책을 찾아 읽고 공부하며 이해하기를 권합니다. 아이들의 발달 과정에 대한 이해를 바탕으로 아이들의 잠재력을 최대한으로 끌어내는 데 집중하면 좋겠습니다.

행복한 부부 관계를 위해서 노력하세요. 부부 사이에 유머를 통해 즐거운 시간을 충분히 가지세요. 나의 부족함을 있는 그대로 받아들이고, 상대방의 모습도 있는 그대로 존중할 때 신뢰와 우정이 쌓입니다. 부부 관계에서 가끔 폭풍이 일어날 때도, 모든 일이 잘 풀릴 때도 마찬가지입니다. 모두 자기 성장의 과정이고, 자기 이해를 향한 심오한 깨달음을 얻는 과정입니다. 또한 서로가 삶을 충실하게 가꿔나가기 위해서 각자 조용한 시간을 가질 수 있도록 떨어져 있는 시간을 마련하시길 제안합니다.

요즈음 많은 교육이 지나치게 미디어에 의존하고 있습니다. 저는 아이들이 실제 생활과 동떨어진 추상적인 '가르침'이 없는 환경에서 자라나길 희망합니다. 아이들이 실내에서는 자기주도적으로 자유 놀이를 하고, 자연환경 속에서는 회복탄력성을 키우는 다양한 활동을 충분히 할 수 있도록 해주세요. 이러한 활동이 혼란스럽고 분주한 현대 사회에서 생활의 균형을 이루게 해준다고 생각합니다.

마지막으로 교육과 관련해 꼭 해주고 싶은 말이 있을까요?

'관계를 중심으로 하는 교육'에 대해 알아보는 것을 추천하고 싶어요. 캐나다의 심리학자 고든 뉴펠드의 책《아이의 손을 놓지 마라》(고든 뉴펠드, 가보 마테 지음, 김현아 옮김, 북라인, 2018)를 함께 추천합니다.

무엇보다 현재 주류 교육 시스템을 이끄는 교육 전문가의 조언에 의존하지 말고 당신의 직관을 믿으세요! 우리의 고유한 삶을 위해 노력해야 할 것은 '리듬과 반복이 있는 일상'입니다. 그중에서도 집안일은 사회적 책임 의식을 기르고, 사회적 소통 능력을 키우는 데 꼭 필요한 일이며 생명력이 가득한 활동입니다. 아이들이 어른이 되어 삶을 살아가는 데도 큰 힘이 되어줄 것이고요. 이러한 활동을 충분히 경험할 수 있도록 해주세요.

4

✳

육아가 편안해지는 일상의 지혜

오늘도 고군분투하고 있는 모든 부모에게

'우리는 이미 충분히 좋은 부모'라고 말해주고 싶습니다.

아이들은 세상 전부와도 같은 부모의 요구와 기대에

최선을 다해 부응하고 싶어 합니다.

아직 스스로 몸과 마음을 통제할 수 있는 능력이

충분히 발달하지 않아

서투르게 행동할 뿐입니다.

아이와 더 많이 웃고, 더 많이 놀며 행복감을 맛보길 희망합니다.

함께 쌓아 올린 행복한 추억은

훗날 아이가 힘든 상황에서도

자신을 믿고 역경을 헤쳐나갈 힘이 될 것입니다.

부모가 아이들이 가진 내면의 힘을 신뢰할수록

아이들에 대한 불필요한 걱정에서 놓여나

편안한 육아가 시작됩니다.

모든 학습과 배움의 기본
– 반복

반복은 성취를 이루어내는
배움의 어머니, 행동의 아버지이다.
_지그 지글러

부모가 말로 아이를 가르치는 모습을 자주 보게 됩니다.

"선생님께 '안녕하세요' 하고 인사해야지."

"선생님께 '고맙습니다' 하고 인사해야지."

"선생님께 '안녕히 계세요' 하고 인사해야지."

이렇게 예의를 배운 아이는 부모의 바람대로 예의 바른 아이가 될까요? 저는 다른 방법을 제안하고 싶습니다. 아이에게 말로 가르치는 대신 부모가 먼저 선생님을 만날 때마다 "안녕하세요" 하고 인사하면 어떨까요? 머지않아 아이들도 스스로 허리를 굽혀 인사를 하게 될 거예요. 진심에서 우러나와야 하는 인사와 예의는 억지로 가르쳐서 되는 일이 아니라고 생각합니다. 아이들은 시켜서 하기보다 부모의 행동을 그대로 따라 할 때가 더 많습니다. 때가 되면 자연스럽게 보고 배운 대로 스스로 하게 됩니다. 그러니 부모가 먼저 "안녕하세요" 하고 인사하는 모습을 보여주면 아이들은 언젠가 스스로 인사할 거예요. 인사와 같은 기본적인 예의부터 아이가 스스로 할 때까지 부모가 반복적으로 해나가면 좋겠습니다.

솔이가 여섯 살 때 일입니다. 거실에서 신나게 뛰어놀다가 그만 식탁 모서리에 이마를 부딪쳤어요. 울음을 터뜨리는 아이를 안고 달래주는데 갑자기 두 살 현이가 식탁으로 달려가 자기 이마를 모서리에 부딪쳤습니다. 너무 갑작스럽게 일어난 일이라 남편도 저도 말릴 새가 없었고 전혀 생각지도 못한 일이었습니다.

그때 제가 깨달은 사실은 어린아이들이 누군가의 행동을 모방할 때는 기준이 없다는 것이었어요. 무엇을 따라 해야 하고, 따라 하면 안 되는지 판단할 수 있는 능력이 아직 없는 것입니다. 무엇이 옳고 그른지 판단할 수 없는 상태에서 아이들은 주변 사람들의 행동을 본 대로 따라 합니다. 주변 어른들의 모범적인 행동이 매우 중요한 것은 이 때문입니다.

아이들에게는 수많은 반복 경험이 필요합니다. 아이를 말로 가르치려고 할 게 아니라 아이가 하고 싶어 하는 일을 재미있게 할 방법을 찾아 반복해나가야 합니다. 그러기 위해서 먼저 아이의 발달 과정에 맞게 적절한 환경을 갖추고 생활 습관을 리듬 있게 만들어 나가면 어떨까요? 아이들은 안정된 리듬 생활에서 비롯되는 예측 가능성에서 편안함을 느끼기 때문입니다.

삶에 규칙적인 리듬이 생기면 일상에서 더욱 편안함을 느끼고 에너지도 덜 쓰게 됩니다. 에너지가 고갈되지 않으니 특별한 훈육이 필요 없어지지요. 오히려 아이가 보다 적극적으로 주변을 바라보며 더 행복하게 생활할 수 있습니다. 이러한 리듬 생활을 위해서는 부모 마음대로 하루, 일주일 리듬을 그때그때 바꾸지 않고 아이가 반복적으로 경험할 기회와 시간을 충분히 마련해주어야 합니다. 저도 솔이, 현이가 어렸을 때 아침에는 항상 노래를 부르며 시작했습니다. 밤에는 아이들이 잠들기 전 이야기 하나를 들려주고 방문에 붙여놓았던 시를 낭송했어요. 아이들뿐만 아니라 저의 에너지도 충전해주는 단순한 리듬 생활이었지요. 어른이 된 두 아이는 그때 불렀던 노래와 시를 지금도 자주 기억해냅니다.

'문화로 나누는 영어' 프로그램에 참여했던 도원이 엄마가 들려준 이야기가 생각납니다. 초등학교 4학년인 도원이는 낯을 많이 가리고 수줍어하는 아이였어요. 1년이 넘는 시간 동안 수업을 시작할 때마다 '무궁화 꽃이 피었습니다' 놀이를 했습니다. 아주 오랜 반복이었지요. 여름방학 때 도원이네 가족이 캠핑을 갔답니다. 그때 놀랍게도 도원이가 낯선 장소에서 새로 만난 아이들을 다 모아 '무궁화 꽃이 피었습니다' 놀이를 제안하고 친구들에게 알려주었다고 해요. 도원이 엄마는 그 모습을 보고 깜짝 놀랐다고 말하더군요. 단순히 놀이라고만 생각했는데 그 놀이를 오랫동안 반복한 것만으로도

호기심 가득한 눈으로 정성껏 텃밭에 물을 주는 아이

자연스러운 리듬 생활을 반복적으로 하다 보면
아이들의 의지력도 자연스럽게 커나갑니다.
무언가 의도적으로 가르치지 않아도
아이들은 반복되는 활동을 통해 주변 세상을 알아나갑니다.

아이에게는 많은 자신감을 키워준 것 같다고요.

자연의 모든 움직임에는 커다랗게 반복되는 자연스러운 흐름이 있습니다. 기온의 변화에 따른 사계절의 흐름과 달의 움직임에 따른 한 달의 리듬, 해의 움직임에 따른 하루의 리듬에 맞춰 인류는 오랫동안 일정한 리듬을 반복하며 생활해왔습니다. 옛날에는 사람도 이런 자연의 흐름에 따라 살았지만 현대인들은 자연의 흐름과는 무관하다시피 살고 있습니다. 그럴수록 부모는 자연의 흐름을 따르는 일상의 리듬 속에서 삶의 원동력을 얻을 수 있다는 사실을 되새기며 일상의 리듬을 만들고 지키기 위해 애쓸 필요가 있습니다.

자연스러운 리듬 생활을 반복적으로 하다 보면 아이들의 의지력도 자연스럽게 커나갑니다. 무언가 의도적으로 가르치지 않아도 아이들은 반복되는 활동을 통해 주변 세상을 알아나갑니다. 들숨과 날숨으로 호흡하듯이 하루의 리듬을 계획해보세요. 그런 다음 일정한 순서와 방법으로 '집중과 쉼' '배움과 놀이' '안과 바깥'의 흐름에 따라 반복해보세요. 반복되는 리듬 생활에서 아이의 건강한 발달은 물론, 부모의 충만한 일상생활도 시작됩니다.

반복의 힘을 키우기 위한 부모 연습

처음부터 무리한 욕심을 내지 말고 목적이나 의미 없는 단순한 활동 한 가지를 정해 매일 의식적으로 반복합니다. 의지력을 키우는 아주 단순한 방법이에요. 단 1분이면 할 수 있는 '화분이나 꽃병을 조금 옆으로 옮기기' '반지를 시계 방향으로 세 번 돌리기' '오른쪽 귀를 한 번 만지기' '의자에 한 번 앉았다 일어나기'처럼 특별한 목적과 의미가 없는 아주 단순한 동작을 하나 골라보세요! 그 동작을 의식적으로 매일 같은 시간, 같은 장소에서, 같은 방법으로 해나갑니다. 단순한 동작이라도 막상 하기 시작하면 생각보다 꾸준히 반복하기가 쉽지 않습니다. 깜박하기가 쉽지요. 그래도 매일 해나가기를 추천합니다. 그 행동이 반복되어 습관이 되면 점차 다른 활동을 하나씩 추가하면서 하루의 리듬 생활을 만들어나갑니다. 부모의 습관에서 시작된 단순한 리듬 생활이 가족 전체의 하루를 리듬과 반복이 있는 조화로운 일상으로 이끌어줄 것입니다.

심리적으로 안정된 아이의 비밀
- 질서

사람들을 그들이 마땅히 되어야 할 사람처럼 대하고,
그들이 될 수 있도록 도와주어라.
_요한 볼프강 폰 괴테

엄마가 아이에게 묻습니다.

엄마: 죽 먹을래, 달걀부침 먹을래, 밥 먹을래?
아이: 죽, 아니 사과, 아니 달걀부침.

아이는 당황합니다. 아직 어린 나이의 아이에게는 무엇을 먹을지를 선택하는 것도 쉬운 일이 아닙니다. 급기야는 아이가 혼란스러워 울기까지 합니다.

이처럼 부모가 어린아이에게 "이거 할래, 저거 할래?" 하고 물어보고 결정을 내리게 하는 경우를 자주 보게 됩니다. 한번 깊이 생각해볼 일이에요. 자유롭게 키우는 것은 좋은 일이지만 자유롭게 키우는 것과 아직 의사 결정 능력이 없는 아이들에게 결정을 맡기는 것은 다릅니다. 결정을 내릴 능력이 없는 아이들에게 다양한 선택지를 제공하는 부모의 질문은 오히려 커다란 혼란만 일으킬 수도 있습니다. 자녀에게 무엇이 가장 적합할지 선택해 자신 있게 제시해주는 것이야말로 부모의 역할이 아닐까요? 아무리 부모 노릇이 어렵다 해도 아이들에게 너무 세세한 것까지 물어보며 어려운 선택을 요구하지는 않았으면 합니다.

그동안 부모교육을 하면서 비슷한 경험을 참 많이 했어요. 많은 부모가 자녀교육의 정답을 알고 싶어 하고 질문도 많이 합니다. 하지만 저는 부모님들이 스스로 질문하고 스스로 답할 수 있기를 바랍니다. 부모들의 질문에 답변하는 전문가들도 결국에는 불완전한 사람이고, 단지 남들보다 조금 앞서서 고민하고 노력하는 사람일 뿐이기 때문이에요. 내 자녀의 고유한 기질, 개성과 성정은 어느 누구보다도 부모가 가장 잘 알고 있습니다. 아이들은 제각기 다르고 특별한 존재이기 때문에 다른 사람과 비교할 필요가 없습니다. 유심히 관찰하고 숙고하여 자녀의 독특한 개성을 살릴 수 있는 교육을 자신 있게 선택했으면 합니다. 다른 사람이나 사회가 요구하는 내용을 무작정 따르지 말고 내 아이에게 필요한 교육이 무엇인지 신중하게 고민하고 선택했으면 합니다.

선택한 뒤에는 일관성 있는 부모의 태도가 중요합니다. 부모가 일관성 있는 태도를 견지하지 않으면 아이는 혼란스럽습니다. 만약 어제는 허용했다가 오늘은 허용하지 않는 식으로 자꾸 부모의 태도가 바뀌면 아이들의 불안감은 증폭될 수밖에 없습니다. 또 불규칙한 생활이나 자극적인 미디어 등으로 안정된 생활 리듬이 결여될 경우, 우리의 뇌가 작은 일에도 예민하게 반응하도록 만들기 때문에 좌절에 취약해질 수 있습니다.

아이는 경계를 알고 싶어 합니다. 어렸을 때 경계가 명확하지 않으면 오히려 폐쇄적이고 편협한 사람으로 자랄 가능성이 큽니다. 어렸을 때 스스로를 제어하거나 통제하는 경계를 경험하지 못했기 때문에 어른이 되어서도 힘든 것이지요. 어려서 경험하지 못했던 패배감, 좌절감을 어른이 되어 뒤늦게 느끼게 되면 수동적이거나 무기력해지기도 합니다. 아이들은 커나가면서 자연스럽게 활동범위가 조금씩 넓어져야 합니다. 끊임없이 부모의 경계치를 허물어뜨리기도 해요. 이 과정에서 부모가 신중하게 결정한 일관성 있는 경계를 제시해줄 때 아이들은 부모를 신뢰하는 것은 물론 스스로를 조절하는 능력도 키워가게 됩니다.

미국 UCLA 정신의학과 교수인 대니얼 J. 시겔은 "아이들이 부모와 친밀한 관계를 맺을 때 두뇌의 서로 다른 부분들이 잘 통합된다. 또한 자신의 몸과 감정을 잘 통제할 수 있으며 결정 능력도 향상된다"라고 말했습니다. 많은 연구를 통해 부모와 아이의 관계가 즐거우면 아이의 전전두엽(뇌에서 추론하고 계획하며 감정을 억제하는 일을 주로 맡는 부분)이 최적의 상태로 발달한다는 사실이 밝혀졌습니다. 반면에 부모와의 애착이 불안정한 아이들은 자존감도 낮아진다고 합니다. 애착이 없는 상황에서는 부모가 아이에게 어떤 긍정적인 영향도 줄 수 없습니다. 애착 형성이 안 된 상태에서 부모가 하는 일은 단지 어른이라는 이유로 행사하는 힘의 과시에 불과합니다.

아이들은 무엇보다 부모와의 친밀한 관계를 통해 유대감을 느낄 때 행복해합니다. 부모와의 유대감을 통해 안정감을 느끼는 아이들은 '나는 할 수 있어요' 하는 자신감이 생겨납니다. 이러한 자신감은 '나도 참여하고 싶어요' 하는 의지로 자연스럽게 이어집니다. 부모의 일관성 있는 태도와 질서가 있는 생활에서, 아이들은 안정감을 바탕으로 고유의 잠재력을 최대한 키워나갈 수 있습니다.

질서 잡힌 일상을 만들기 위한 부모 연습

시작은 정리 정돈

주의를 기울여 주변을 정리해주세요. 특히 아이가 유난히 붕 떠 있고 산만하게 행동할 때는 하던 일을 멈추고 주변을 정리해보세요! 아이들은 예민한 감각으로 엄마의 태도와 분위기를 금세 알아차립니다. 정리된 환경에서 안정감을 느끼고 차분해질 거예요.

우리 가족만의 의식 만들기

음식을 먹기 전 촛불을 켜고 감사 노래를 부른다거나, 이야기를 들려줄 때마다 노래를 부르는 시간을 가지는 의식을 반복적으로 해나갑니다. 아이들은 어른들의 생각보다 밥 먹기 전 촛불을 켜고 노래 부르는 것과 같은 소소한 의식을 반복하는 걸 무척 좋아합니다. 의식은 평범한 순간을 특별하고 멋진 순간으로 탈바꿈시켜주는 마법의 힘이 있지요. 또한 잠깐의 의식으로도 아이들은 다음에 일어날 일에 대해 마음의 준비를 하는 시간적 여유를 갖게 됩니다. 아이들과 함께 간단한 의식을 만들어 반복적으로 해나가면 안정감과 기쁨의 순간을 더욱 자주 만날 수 있을 것입니다. 예측 가능한 리듬으로 이어가는 일상생활이 아이들과 부모 모두에게 삶에 대한 감각을 풍성하게 만들어줍니다.

일관된 태도

부모의 명확한 사고, 일관된 태도가 아주 중요합니다. 아이들이 명확하게 사고하기를 원하면 어른들부터 명확한 사고력을 키워야 합니다. 아이들은 커나가면서 경계가 어디인지 끊임없이 시험합니다. 그렇기 때문에 부모가 주의 깊게 설정한 경계선을 일관성 있게 지켜나가는 것이 중요해요. 특히 만 9세 이전의 아이에게는 선택의 기회를 최소한으로 제한하고, 아이에게 무엇이 가장 적합할지 신중히 선택해 일관성 있게 제시해주는 것이 좋습니다.

세상 그 어떤 학교보다 커다란 배움터 - 자연

인간이 자연과 가까울수록 병은 멀어지고,
자연과 멀수록 병은 가까워진다.
_요한 볼프강 폰 괴테

지난겨울, 실내에서는 "엄마, 놀아주세요!"라고 조르고, "내 꺼야!" "안 돼!"를 외치며 끊임없이 싸워대던 네 살 무렵 남자아이들과 바깥 산에 갔습니다. 자연 속에서는 몇 시간이고 서로 싸우지 않고 너무도 평화롭고 즐겁게 놀았어요. 처음 간 낯선 장소이고, 엄마들이 이끌어주지 않고 멀리서 지켜보기만 하는데도 아이들은 스스로 자유롭게 놀았습니다. 그 모습을 지켜보며 자연만큼 훌륭한 선생님은 없다는 사실을 다시 한번 깨달았지요.

자연에서 아이들은 더욱 활기차게 놉니다. 자연은 아이들의 스트레스를 해소해주고, 아름다움을 경험하게 해주며, 긍정적인 정서를 키워줍니다. 자연은 언제나 아이들을 품어주고 아낌없는 선물을 내주니까요.

아이들에게 꼭 필요한 것은 자연에서 자유롭게 뛰어놀 수 있는 시간입니다. 진정으로 내 아이가 호기심 많은 아이, 상상력과 창의력이 있는 아이, 배움에 대한 열정이 있는 아이로 자라나기를 원한다면 아이가 자연의 품에서 자신의 내면을 만날 수 있는 시간을 충분히 마련해주어야 합니다.

자연은 아이들에게 살아 있는 책이기도 합니다. 아이들은 시냇물이 흐르는 소리, 새소리, 바람소리, 물소리를 듣고 꽃을 만지고 냄새를 맡으면서 다양한 자연의 색깔을 만날 수 있습니다. 비 오는 날에는 물에 젖어 차갑고 미끈대는 돌을 만져보거나 장화를 신은 발로 물웅덩이를 찰방찰방 걸을 수도 있지요. 가을에는 낙엽이 수북이 쌓인 길을 걸으며 도토리 떨어지는 소리를 들을 수도 있습니다. 거친 자연환경에서 스스로 탐구할 수 있는 기회를 아이들에게 충분히 주어야 합니다. 자연의 영감을 받은 아이는 생각이 깊어지고 상상력도 풍부해집니다.

세계에서 행복지수가 가장 높은 나라로 알려진 덴마크에서는 2~6세 아이들의 무려 50퍼센트가 숲 유치원에 다닙니다. 날씨가 좋든 나쁘든 하루 평균 4시간을 숲에서 지낸다고 해요. 덴마크 아이들은 자연에서 에너지를 충분히 발산하기 때문에 행복하고, 부모도 더불어 행복한 것이 아닐까요? 반면에 우리 아이들은 공부하라는 압박 속에서 학교, 학원 같은 실내에서 점점 더 많은 시간을 보내고 있습니다. 성공만을 앞세우는 우리의 문화는 아이들에게서 자연과 만나는 시간, 몸으로 활동하는 시간을 점점 더 빼앗고 있습니다. 아이들이 읽고, 쓰고, 산수를 하는 데 많은 시간을 보낼수록 더 성공할 것이라는 예측은 인공지능이 발달한 미래 사회에서는 점점 더 빗나갈 가능성이 높아지고 있습니다. 오히려 아이들은 엄청난 속도로 지쳐가며 아파하고 있습니다.

과학적 연구를 통해서도 자연이 우리의 뇌와 행동에 엄청난 영향을 미친다는 사실이 밝혀지고 있습니다. 자연에서의 활동은 불안, 우울, 스트레스를 줄이고 주의력, 창의력, 사회성을 향상시킨다고 합니다. 사람이 건강하면서 행복하고, 또 창의적인 삶을 살기 위해서는 자연에서 더 많은 시간을 보내야 한다는 것이지요. 저 또한 자연만큼 아이들을 보듬어주는 곳은 없다고 생각합니다. 아이들이 자연 속에서 마음껏 뛰어놀 수 있는 시간을 규칙적으로 마련해주면 어떨까요?

한편으로 아이들을 실컷 놀게 해주는 것까지는 좋은데, 아이들이 하는 놀이를 보며 자꾸 개입하고 잔소리하는 부모의 모습을 종종 보게 됩니다. 한번은 초등학교 아이들과 바깥 놀이를 나갔어요. 개울가에 이르니 아이들은 신이 나서 급기야 개울을 넘어 건너편까지 가고 싶어 했습니다. 한두 명이 개울로 뛰어드니 몸을 사렸던 아이들도 하나둘 용기를 내어 과감하게 물속으로 들어갔습니다. 그런데 이때 몇몇 아이들은 신발이 젖으면 엄마한테 혼난다고 걱정부터

하는 것이었어요. 저는 아이들이 부모에게 혼날까 봐 지레 걱정하지 않고, 주눅 들지 않고 신나게 놀면 좋겠습니다. 어린 시절에 신나게 놀았던 추억은 훗날 아이에게 힘든 상황이 닥쳐도 자신을 믿고 역경을 헤쳐나가는 힘이 될 테니까요.

현이와 솔이가 미국 학교생활 가운데 최고의 날로 뽑는 날이 있습니다. 두 아이 모두 초등학교 6학년 때였어요. 6학년 아이들은 매년 5월 화창한 날 가운데 하루를 정해 학교 근처의 탁 트인 자연으로 나갔습니다. 때로는 혼자, 때로는 팀으로 함께 그날 주어지는 과제들을 해결하는 '모험과 도전의 날'이었지요.

부모들은 3개월 전부터 준비위원회를 꾸리고 주 1회 모임을 가지며 아이들 몰래 행사 준비를 했습니다. '모험과 도전의 날'이라는 행사답게 미리 준비해야 할 일들도 많았습니다. 몸은 고되지만 즐겁게 뛰놀 아이들을 상상하며 열심히 준비했어요. 행사 2주 전 주말에는 부모들이 모여 아주 커다랗고 깊은 구덩이를 판 뒤, 거기에 가득 물을 채웠습니다. 땀을 뻘뻘 흘리며 계곡을 가로지르는 구름다리를 설치하기도 했지요. 마침내 행사 날이 되자 부모들은 직접 만들었거나 시내 가게에서 빌린 옷을 입고, 역사나 이야기 속 주인공으로 변신해 나타났습니다. 부모와 교사들은 재미난 복장을 하고서 '모험과 도전의 날'을 위해 마련된 코스마다 도우미 역할을 하면서 아이들을 흥미롭게 지켜보았습니다.

'모험과 도전의 날'에는 활쏘기, 창던지기, 높이 쌓아 올린 벽 뛰어넘기, 진흙 구덩이 뛰어넘기, 줄다리기, 미로 여행, 장애물 경기 등 거대하고 험난한 도전 코스들이 아이들 앞에 펼쳐집니다. 아이들은 6~7명씩 팀을 구성해 다양한 코스를 차례대로 탐험해나갑니다. 진흙탕 위에 떠 있는 널빤지 건너가기, 진흙 구덩이 연속으로 뛰어넘기, 물살 센 계곡에 설치된 구름다리 건너기를 비롯해, 산이나 언덕을 기어오르면서 고개마다 파수꾼이 주는 과제를 해결해야 하는 장애물 게임, 맨손으로 커다란 문을 타고 올라가기 등을 해야 합니다. 널뛰기, 다 함께 손 맞잡고 움직이기 등 팀별로 지혜와 힘을 모아 맞서야 하기도 하지요. 이날의 하이라이트는 모든 학생과 부모가 모여 물을 가득 채운 구덩이를 사이에 두고 하는 줄다리기입니다. 치열한 접전 끝에 한 팀이 흙탕물에 빠지면 모두가 즐거운 비명을 지르고 웃으면서 축제를 끝맺습니다.

하루 동안 아이들은 우정과 신뢰를 쌓고 성취감을 맛보게 됩니다. 하나의 목표를 위해 친구들과 협력하고 자신의 지구력을 시험하지요. 정직, 정의, 신중함, 용기, 끈기, 희망, 공동체의 가치를 몸소 경험하는 '모험과 도전의 날'을 보내는 것입니다. 단 하루의 축제지만, 아이들이 소통하는 법을 배우고 다른 사람을 도와야 나도 행복해질 수 있다는 사실을 깨닫기에는 충분한 시간입니다. 저희 부부도 준비하는 과정에서, 그리고 행사 당일 도우미로 지켜보면서 느끼고 깨닫는 바가 컸습니다.

신나는 하루를 보내고 집으로 돌아오면서 솔이는 자신이 전혀 예상하지 못한 신나는 경험이었다고 즐거워했습니다. 솔이가 이 축제에 참여했을 때 현이는 초등학교 1학년이었어요. 솔이는 신나는 하루를 보내고 집으로 돌아오면서 현이가 직접 경험하는 날까지 비밀을 지켜주고 싶다고 말했습니다. 그리고 정말 4년 동안이나 약속을 지켰어요. 마침내 현이가 6학년이 되어 이 축제를 하고 돌아온 날 저녁, 솔이는 오랫동안 숨겨두었던 사진첩을 꺼내 그날의 기억을 더듬었습니다. 같은 경험을 공유하게 된 둘은 사진을 보며 한참을 이야기했습니다. 저희 부부도 덩달아 함께 웃음꽃을 피워냈지요. 지금도 두 아이는 그날을 어린 시절 최고의 날 가운데 하나로 꼽습니다.

저는 그 멋진 행사가 끝난 다음 정리하는 순간이 참 아쉬웠어요. 며칠만 그대로 두고 우리가 경험한 것을 지역의 더 많은 가족들과 나누고 싶다는 생각이 들었습니다. 많은 아이가 자연 속에서 도전하고 부딪치며 '나는 누구인가?'를 생각해볼 수 있으면 얼마나 좋을까 하고 아쉬워했습니다. 언젠가 우리나라에도 이러한 공간을 만들어 아이들이 '내 안의 나'를 만나는 모험을 할 수 있기를 간절히 바랐습니다. 언젠가는 그런 날이 오리라 믿으며 지금도 종종 다양한 밑그림을 미리 그려봅니다.

아이들이 참여했던 '모험과 도전의 날'

아이들에게 꼭 필요한 것은
자연에서 자유롭게 뛰어놀 수 있는 시간입니다.
아이가 자연의 품에서 자신의 내면을 만날 수 있는 시간을
충분히 마련해주세요.

자연과 함께하기 위한 부모 연습

아파트 베란다나 주말농장을 이용해 아이들과 작은 텃밭을 가꾸어보세요. 아주 자그마한 텃밭이나 화분도 좋습니다. 채소를 가꾸어나가는 시간을 마련해나가면 좋겠습니다. 자연의 변화와 리듬을 체득하면서 평정심과 기다림의 의미를 배울 수 있습니다.

저 또한 아이들과 작은 텃밭을 일구면서 씨를 뿌리고, 싹이 나오기를 기다리고, 그 싹이 줄기로 커나가고, 열매를 맺을 때까지 모든 과정을 지켜보면서 기다림의 의미를 배웠어요. 조그마한 텃밭이지만 사람의 힘으로 바꿀 수 없는 자연의 흐름, 생명의 경이로움과 강인함 등 참 많은 것을 배웠습니다. 마침내 정성껏 가꾼 열매를 따서 온 가족이 함께 나누는 소박한 밥상은 책상에서 마주하는 배움과는 아주 다른 배움이었습니다.

또한 아이들과 매일 같은 시간에 동네 한 바퀴를 걷거나 집 근처 공원, 놀이터 등에서 자유롭게 뛰어노는 시간을 마련하는 것도 좋습니다. 주말에는 가족이 함께 가까운 산을 오르며 이야기를 나누면 더할 나위 없겠지요.

아이들은 머리로만 배우지 않는다
- 움직임

운동은 단지 몸을 위한 것만이 아니라 뇌를 위한 것이기도 하다.
운동은 우리의 정서에 영향을 끼친다.
우리의 행복감과 삶의 충만함을 생명력 있게 깨워준다.
_존 레이티

요즘 아이들은 옛날과 달리 동네에서 마음껏 놀지 못합니다. 제가 만난 초등학교 고학년 학생들은 옹기토를 주무르는 힘이 아주 약해서 힘들어하기도 했어요. 저는 아이들과 수업할 때도, 어른들과 수업할 때도 먼저 몸을 활기차게 움직이는 리듬 활동부터 시작합니다. 계절에 어울리는 노래를 부르면서 박자에 맞추어 몸을 움직여요. 그러고 나면 아이들도 어른들도 마음이 차분해지고 고요한 상태에 이르게 됩니다.

엄마들이 모였을 때에는 콩주머니 돌리기를 하며 어린 시절로 돌아가 놀아봤습니다. 머리로는 이해했는데 손이 잘 안 따라주어 당황스럽기도 했지요. 또 머리로는 이해하지 못했는데 손이 저절로 움직이는 신기한 경험도 했습니다. 오랜만에 아이들처럼 싱글벙글 환하게 웃었습니다. 놀 줄 모르는 어른들에 비해 아이들은 미래를 걱정하지 않고, 과거에 대한 기억을 끄집어내지 않고, 지금 이 순간에 집중해 아주 잘 놉니다. 언제나 재미난 놀이를 만듭니다. 지금이라도 우리가 아이들에게 노는 방법을 배우면 어떨까요? 아이들처럼 몸을 더 많이 움직이고 느끼면서 자신을 들여다보는 시간을 가지는 것이지요. 내가 보이면 내가 자유롭게 표현하고 싶은 것도 보이기 때문입니다.

아이들은 머리로만 배우지 않습니다. 몸으로 자유롭게 놀면서도 많은 것을 배우며 평생 살아갈 힘을 키워나갑니다. 문제를 탐구할 수 있는 충분한 시간이 주어지면 아이들은 호기심과 관찰력으로 스스로 배움의 길에 들어섭니다. 시험, 성적, 보상, 결과와 무관하게 창조적인 일을 하면서 경험하는 '최선을 다하는 마음'과 '몰입의 힘'은 훗날 아이가 하고 싶은 일, 해야 할 일이 생겼을 때 그것을 이루어낼 수 있는 의지력과 학습력으로 나타납니다. 따라서 아이들이 세상을 배우고 알아나가기 위해서는 통합적인 접근이 필요합니다. 사지선다형으로 시험을 보고 암기 위주로 진행되는 교육은 지나치게 좌뇌에 편향된 교육입니다. 다양한 신체 활동과 예술 활동으로 좌뇌와 우뇌의 균형적인 발달을 도모해야 합니다. 이것이 아이들의 발달 과정에 적합하게 응답해나가는 통합적인 접근 방법일 것입니다.

초등학교 아이들 가운데 미술 치료, 음악 치료, 놀이 치료 등 심리 치료를 받는 아이들이 계속 늘어나고 있다고 합니다. 아이들이 자유롭게 놀며 스스로 탐구할 수 있는 충분한 시간을 갖지 못한 채 서둘러 키워지는 교육이 안타까울 뿐입니다. 부모 입장에서도 힘들기는 마찬가지인데, 교육비에 대한 부담이 만만찮기 때문입니다. 경제적 부담 없이 아이들에게 해줄 수 있는 최고의 교육이자 선물은 자연 속에서 마음껏 호흡하며 신나게 놀 수 있는 시간을 허락해주는 것입니다.

수많은 연구 결과가 아이들이 발달 과정마다 충분한 놀이 시간을 가질 때 인지적 지능IQ, 사회적 지능, 학업 능력이 크게 향상된다고 얘기하고 있습니다. 아동심리학의 세계적인 권위자이자 미국 터프츠대학교 교수인 데이비드 엘킨드가 4년에 걸친 연구 끝에 알아낸 바로는 "초등학생들이 학교생활의 3분의 1을 체육, 미술, 음악 활동으로 보냈을 때 신체적 건강뿐만 아니라 학습 능력과 태도, 시험 결과도 매우 향상되었다"고 합니다.

제가 인형극 공부를 할 때, 아이들의 균형 감각과 촉각, 운동 감각 발달을 위해 30여 년 동안 노력해온 두 선생님을 만났습니다. 1년 동안 그분들을 만나면서 아이들의 균형 감각을 키울 수 있는 다양한 활동을 배울 수 있었습니다. 그 선생님들은 아이들이 학교에서 이상한 행동을 보이면 어떻게 움직이는지 관찰한 다음 집에 가서 그 아이의 모습을 직접 흉내 내보았다고 하더군요. 그렇게 그 아이들만을 위한 큰 움직임과 치유 활동을 고안해냈다고 했습니다.

신체를 자유롭게 움직이는 활동을 꾸준히 해나가는 동안 아이의 두뇌도 함께 발달합니다. 발달신경심리학자인 제임스 W. 프레스콧James W. Prescott에 의하면, 아이들이 몸을 움직일 때 도파민 신경회로가 활성화되어 스트레스 해소는 물론 공격성도 많이 줄어든다고 합니다. 아동기에 머리, 가슴, 팔다리가 골고루 발달하면 사고, 감정, 의지도 조화롭게 발달합니다. 직접 몸을 움직이며 경험하지 않고 혼자 책상 앞에 앉아 머리만 쓰는 사람의 정체된 사고는 자칫 고집이나 선입관 또는 편견으로 이어질 수 있습니다. 또한 아직 균형 감각을 비롯한 여러 감각이 충분히 발달하지 않은 어린아이들은 의자에 앉아 집중하거나 글자와 숫자를 기억하는 일도 힘들어합니다. 아이들의 학습 능력을 키워주는 것은 낱말 카드나 글자 놀이, 보드게임이 아닙니다. 아이들이 스스로 주도하며 보내는 자유 놀이 시간은 결코 놀기만 하는 시간이 아닙니다. 다양한 감각 발달이 통합되고 공간 지각 능력이 길러지는 것은 물론, 인지 발달까지 돕는 귀한 배움의 시간입니다. 아이들이 신나게 몸을 움직이는 동안에는 아이들 내면의 강한 의지력과 유연한 사고력도 함께 깨어납니다.

움직임을 키우기 위한 부모 연습

아이들의 뇌가 건강하게 자라기 위해서는 전두엽의 능력을 발달시키는 모든 기회를 잘 활용해야 합니다. 아이의 뇌 발달은 주변에 반응하며 주의를 기울이는 과정을 연습하는 데서 충분히 향상될 수 있습니다. 그런데 텔레비전이나 스마트폰 같은 스크린을 볼 때는 한 자세로 몸과 눈이 오랫동안 고정되면서 다양한 감각들의 통합적인 작용이 가로막힙니다. 아이가 만 9~12세가 되기 전까지 가능한 한 텔레비전, 컴퓨터게임, 스마트폰의 영향력에서 보호해야 하는 것은 이 때문입니다.

텔레비전이나 스마트폰 등 미디어가 담고 있는 내용이 아무리 좋아도 아이들이 직접 몸으로 체험하며 얻는 것을 대체할 수는 없습니다. 아이들이 직접 경험하며 여러 감각을 고루 발달시키고 호기심과 관찰력을 키워나갈 수 있도록 부모가 노력해야 합니다. 상호 접촉을 많이 하는 전통 놀이(까막잡기, 이거리저거리 등)는 마음도 즐거워지고 행복한 관계 맺기도 가능한 건강한 움직임을 만들어냅니다. 몸의 전후 좌우 상하 정중선을 교차하며 왼쪽, 오른쪽을 넘나드는 움직임은 균형 감각을 키우는 아주 좋은 활동입니다.

가족이 함께 웃음꽃을 피우기 위해 거창한 것을 준비하지 않아도 됩니다. 단순한 예로 토닥토닥 서로 안아주거나 마사지를 해주는 것만으로도 행복한 추억을 쌓아갈 수 있어요. 사람의 종아리는 '제2의 심장'이라고 합니다. 종아리를 마사지해주면 순환계와 면역계 질환에 효과적이라고 해요. 또한 신뢰할 수 있는 부모와 아이 사이의 신체 접촉은 공간과 학습, 기억을 담당하는 해마의 활동을 활발하게 한다는 연구 결과도 있습니다. 스마트폰을 내려놓고 가족이 함께 서로의 등이나 종아리를 마사지해보면 어떨까요? 친밀감도 느끼고 서로에게 기쁨과 건강도 선물할 수 있으니까요.

부모와 아이가 함께 집에서 할 수 있는 활동들을 제안해봅니다. 이 활동들은 아이들의 몸을 튼튼하게 만들 뿐만 아니라 촉각, 운동감각, 균형 감각도 함께 키워나갈 수 있는 활동들입니다.

첫 번째 활동은 '떴다 떴다 비행기' 놀이처럼 아이와 함께 바닥에 누워서 할 수 있는 놀이입니다. 솔이와 현이가 좋아했던 놀이 중 하나이기도 한 이 놀이의 이름은 '애벌레와 나비'예요. 먼저 마루에 담요를 깔고, 아이를 담요의 한쪽 끝에 눕도록 초대합니다. 아이가 누우면 담요로 돌돌 싸서 말아주세요. 아마 아이는 한동안 담요 안에서 애벌레처럼 가만히 있는 것을 좋아할 거예요. 엄마가 "나비가 날아요!" 하고 노래를 불러주면, 아이는 애벌레처럼 담요(허물)를 벗고 나비처럼 마루 주변을 빙글빙글 돌며 움직입니다. 이 활동은 아이가 갓난아이일 때 강보에 싸여 있던 것처럼 안정감을 주고, 나와 바깥세상의 경계를 알게 해주는 촉각 발달에도 아주 좋습니다.

두 번째 활동은 흉내 내기입니다. 아이들에게 동물 이야기를 들려주며 각 동물의 움직임을 흉내 내는 게임입니다. 아이들이 심심하다고 떼쓰며 놀아달라고 할 때 "개구리처럼 뛰어보자!" "펭귄처럼 걷자!" "토끼처럼 깡충깡충 뛰어보자!" "독수리처럼 날자!" 하면서 아이가 좋아하는 동물의 움직임을 흉내 내보세요. 강약의 리듬을 곁들이면 아이들은 더욱 좋아할 거예요. 집에서 아이와 함께 해볼 수 있는 동물들의 움직임은 무궁무진합니다. 도마뱀처럼 기어보기도 하고, 게걸음으로 걸어보기도 하고, 달팽이처럼 천천히 움직이다가, 날렵한 물고기처럼 꼬리를 세차게 흔들어볼 수도 있어요. 빠르고 느린 행동을 교차할 때 노래를 곁들이면 아이들은 더 즐거워할 거예요.

조급한 엄마 마음을 달래주는 너른 시선
– 객관화

인간의 삶은 멀리서 보면 희극이요, 가까이서 보면 비극이다.
_찰리 채플린

"남편과의 관계가 힘들 때마다 자꾸 애꿎은 아이에게 폭발하게 돼요. 속이 많이 상해요."

"생활이 팍팍하고 힘들 때 아이에게 더욱 화를 내게 돼요."

가끔 엄마가 만만한 아이에게 감정풀이를 하게 된다고 하소연하는 이야기를 듣게 됩니다. 지나고 보면 후회가 밀려오고 가슴 먹먹할 정도로 마음이 아파 잠들기도 쉽지 않지요.

"넌 왜 말을 안 듣니?" "왜 못해?" 하고 윽박지르던 어른들 손에 자라서 그런 어른이 되어버린 우리가 또, 그냥 넘어가도 될 문제로 괜히 아이를 혼내고 욱하게 되지는 않는지요? 부모와 아이 관계에서 갈등이 생기면 보통은 아이를 탓하게 됩니다. 급기야 '아이가 말을 안 듣고, 아이가 영악하다'라는 하소연으로도 이어집니다. 몸이 피곤하면 자꾸만 감정이 앞서게 되지요. 아이들은 부모가 아플 때는 용서를 잘 해주지만 부모가 피곤해할 때는 용서하지 않습니다. 오히려 짓궂게 행동하지요. 그럴 때 부모의 언어폭력은 신체폭력처럼 아이들의 마음에 큰 상처를 남기고 자존감을 무너뜨립니다. 수많은 연구가 부모들이 무심결에 하는 언어폭력이 아이들의 마음에 열등감, 좌절감, 무력감으로 큰 흔적을 남긴다고 알려주고 있습니다.

화는 또 다른 화를 불러일으킬 뿐입니다. "한순간의 화를 참으면 100일간의 슬픔에서 벗어날 것이다"라는 옛말처럼, 큰 그림 속에서 부모와 아이가 함께 균형 감각을 키워나가는 일이 중요합니다. 설사 아이가 잘못된 행동을 보일지라도 부모만의 잘못이 아닙니다. 아이와 부딪쳐 갈등이 생길 때마다 '다 나 때문이야' 하며 아이의 문제 행동에 대한 죄책감이나 좌절감에 빠지지 않았으면 합니다. 모든 일이 엄마 한 사람의 실수로만 이루어지지도 않습니다.

한 걸음 뒤로 물러나 심호흡을 하고 상황을 객관적으로 바라봐주세요. 때로는 방어 태세를 늦추고 나의 부족함을 받아들인 채 그냥 흘려보내야 할 때도 있습니다. 저는 오늘도 고군분투하고 있는 모든 엄마들에게 '우리는 이미 충분히 좋은 엄마'라고 말해주고 싶어요. 아이를 양육하는 것은 세상에서 가장 소중한 일입니다. 자신을 희생해야 한다고 생각하며 너무 애쓰다 보면 오히려 무력감이 들 수도 있어요. 우리 사회에서 '엄마'들이 제대로 평가받고 대접받는 그 길을 함께 만들어나갔으면 합니다.

안타깝게도 요즘 점점 더 많은 어린이가 공격적인 행동을 보이곤 합니다. 저는 이러한 안타까운 상황의 원인이 한 번의 실수도 용납하지 않고 실수하면 주눅 들게 하는 우리 사회의 영향이라고 생각합니다. 입시 위주의 교육환경에서는 문제 행동이 있을 뿐 문제 아이는 없습니다. 아이들은 누구나 의지가 강하며, 자신의 능력으로 시행착오를 거치며 해결해나가고 싶어 합니다. 아이들은 안 하는 것이 아니라 아직 준비되지 않아 못하는 것뿐입니다. 부모의 바람을 들어주고 인정받고 싶은 마음이 누구보다 강한 사람은 누구일까요? 바로 아이들입니다.

솔이가 세 살 무렵에 있었던 일을 나누고 싶어요. 그해 여름은 유난히 더웠습니다. 남편은 퇴근 후 집에 돌아오면 냉장고에 있던 차가운 맥주를 찾아 마시곤 했어요. 어느 날 "아빠 왔다!" 하면서 남편이 들어서는데, 솔이가 냉장고로 달려가더니 차가운 맥주 한 병을 꺼내 와서는 "아빠 이거!" 하면서 내밀더군요. 세 살짜리 아이도 신이 나서 아빠가 원하는 것을 해주려 했던 것이지요. 맥주병은 아빠가 받아 들기 전에 떨어지고 말았지만요.

아이들은 세상 전부와도 같은 부모의 바람과 기대에 최선을 다해 부응하고 싶어 합니다. 그러나 아직 스스로 몸과 마음을 통제할 수 있는 능력이 충분히 발달하지 않아 행동이 서투를 수밖에 없습니다. 전혀 예측할 수 없는 엉뚱한 행동을 보일 때도 있지요. 그럴 때는 한 걸음 뒤로 물러나 큰 그림을 그려보세요. 나무 하나하나를 관찰해야 할 때도 있지만, 숲 전체를 크게 바라봐야 할 때도 있습니다.

큰 그림을 어떻게 그리느냐고요? 지난밤에 아이가 어떤 꿈을 꾸었는지, 혹시 어디 아픈 건 아닌지, 아이의 생일 무렵, 즉 보편적인 발달 과정에서 7년 혹은 3년 주기의 큰 변화 시기는 아닌지 등을 생각해보는 것이지요. 수수께끼를 푼다는 마음으로 아이의 상황을 살펴보세요. 아이들은 생일 무렵이나 큰 변화를 겪게 되는 7년 발달 주기, 또는 만 9세 전후로 뜻밖의 큰 성장통을 보이기도 합니다.

아이와 갈등이 터졌을 때는 아이를 혼내기에 앞서 주관을 배제하고 일정한 거리를 둔 채 객관적으로 바라볼 필요가 있습니다. 부모의 주관과 편견이 때로는 아이의 상황을 제대로 보지 못하도록 눈을 가려버리기도 하니까요. 조용히 상황을 되돌아보세요.

'나한테 지금 무슨 일이 일어나고 있지?'

'내가 피곤한가? 어젯밤 잠을 잘 못 잤나?'

'이게 왜 문제지?'

'내 마음 상태가 어땠지?'

부모가 먼저 스스로 내면을 돌아보고 평정심을 회복한 다음에 아이의 행동을 객관화해 살펴보시길 당부드립니다.

한 걸음 물러나 객관적으로 바라보고 천천히 일상을 살아가는 것은 아이들을 느리게 키우는 것이 아닙니다. 급변하는 현대 사회에서 아이들에게 꼭 필요한 유년기를 보장하고 아이들의 자연스러운 발달 과정을 지켜주는 일입니다.

객관성을 키우기 위한 부모 연습

매일 밤 잠자리에 들기 전 10분만 짬을 내어 하루의 일과를 역순으로 돌아보세요. 나의 상황을 마치 하늘 위에서 바라보는 것처럼 한 걸음 물러나 역순으로 돌아보면 객관적으로 바라보기가 훨씬 수월해집니다. 전혀 깨닫지 못했던 큰 그림이 그려지기도 하지요. '아하, 그래서 그랬구나!' 어떤 일의 원인, 과정, 결과에 대한 새로운 그림이 그려지면서 해결되지 않은 채 엉켜 있던 숙제를 해결할 방안이 떠오르기도 합니다.

저 또한 하루를 역순으로 돌아보면서 인생의 소중한 지혜를 많이 얻었습니다. 결핍의 순간이 희망의 순간으로, 고통의 순간이 감사의 순간으로 변하기도 하고, 같은 문제도 다른 관점에서 바라볼 수 있는 기회를 얻기도 했습니다. 아무리 속상했던 일이라도 감정의 앙금을 풀게 되어 다소 가벼운 마음으로 잠자리에 들 수 있었습니다.

교육의 최종 지향점, '함께'의 가치
- 공동체

서로 무관심한 이웃들이여,
우리가 서로에게 도움이 되는 존재라는 사실을 깨달아야 한다.
감탄할 만큼 뛰어난 능력을 베풀 수는 없어도
우리는 서로에게 쓸모가 있다.
_헨리 데이비드 소로

많은 사람들이 추구하는 삶의 목표는 무엇일까요? 삶의 목표에 대한 사람들의 생각을 알아보기 위해 진행된 한 조사에 따르면 20~30대 응답자의 대부분이 부자가 되고 성공해서 유명해지는 것을 인생의 가장 중요한 목표로 답했다고 합니다.

하지만 부와 명예가 사람을 행복하고 건강하게 만들어줄 수 있을까요? 미국 하버드대학교에서 무려 75년 동안 진행한 성인 발달 연구가 있습니다. 이 연구에 따르면, 행복하고 건강한 인생에 필요한 핵심적인 요소는 바로 '친밀한 관계'라고 합니다. 네 번째 책임자로 이 연구를 이어받아 총괄한 신경정신과 의사 로버트 월딩어Robert Waldinger는 "가장 행복한 삶을 산 사람들은 부와 명예를 가진 사람들이 아니라, 의지할 가족과 친구와 공동체가 있는 사람들이라는 사실을 발견했습니다. 사람을 건강하고 행복한 삶으로 이끌어주는 핵심은 좋은 관계입니다"라고 말했습니다. 75년 동안 하버드에서 이루어진 이 연구 결과를 짧게 정리해보면 다음과 같습니다.

> 사회적 연결은 유익하고 고독은 해롭다. 사람은 가족, 친구, 공동체 등 사회적 연결이 긴밀할수록 더 행복하고, 신체적으로도 더 건강하게 오래 산다. 친구가 얼마나 많은지보다는 얼마나 만족스러운 관계를 맺고 있는지, 즉 관계의 질이 중요하다. 좋은 관계는 뇌를 보호해준다.

또한 이 연구 결과에 따르면 애착이 단단할수록 기억력도 더 선명하고 오래가는 것으로 나타났습니다. 힘들 때 의지할 수 있는 관계가 있다는 것만으로도 사람의 기억력이 강화된다는 것이지요. 설사 다툼이 있더라도 기억력에는 큰 타격을 주지 않는다고 합니다. 타인과 의미 있는 친밀한 관계를 맺는 것, 그 자체가 중요하다고 해요. 지속적인 친밀한 관계가 일상의 행복을 이끄는 것이지요.

솔이가 5학년 때의 일입니다. 솔이의 담임 선생님이었던 스티브 팍스는 발도르프 학교에서 오랫동안 선생님을 해왔고, 한국에서 입양한 두 딸이 있었습니다. 어느 날 제가 남편이 공부를 끝낸 뒤에도 우리 식구가 미국에서 계속 살게 될 것 같다고 하자 그가 놀라며 다음과 같이 말했습니다.

"그리 반가운 이야기는 아닌 것 같아요. 헤어지는 게 아쉽기는 하지만, 그래도 솔이를 위해서는 한국으로 돌아가는 것이 낫지 않을까요? 미국에서 사춘기 여자아이를 키우기는 쉽지 않아요. 개인주의 문화가 강한 미국에서는 공동체를 지향하는 부모들이 살아 있는 공동체를 만나기 위해 일부러 발도르프 학교를 찾아옵니다. 그러나 한국을 비롯한 동양권은 공동체가 살아 있는 사회라고 알고 있어요. 발도르프 학교가 없어도 공동체 문화가 살아 있는 한국에서 성장하는 것이 솔이에게 좋지 않을까요?"

사실 제가 경험한 미국은 다름과 차이를 존중하는 동시에 '베스트 프렌드'의 나라이기도 합니다. '가장 친한 친구'라는 이름으로 친구들을 나누기도 하지요. 제가 처음 미국에 왔을 때도 이곳 친구들의 개인주의와 독립적인 사고방식에 적잖이 당황했다가 시간이 지나면서 차츰 이해할 수 있었습니다. 이러한 미국 사회에서도 점점 개인주의 문화의 대안으로 공동체 문화, 공유 문화에 관한 관심이 커지고 있어요. 관계 중심의 동양 문화에 대한 관심이 늘고, 공동체의 필요성을 절감하는 분위기 속에서 다양한 공동체들이 생겨나고 있으니까요. 아이들이 학교에 다닐 때 진행한 설문 조사의 결과도 다르지 않았습니다. 발도르프 학교를 선택한 이유가 무엇이느냐는 질문에 '공동체가 살아 있는 학교이기 때문'이라는 응답이 압도적으로 많았습니다.

서양의 개인주의 문화와 비교하면 동양의 전통문화는 통합적 문화, 관계 중심의 공동체 문화라고 볼 수 있습니다. 사람과 자연, 우주를 분리하지 않고 통합적으로 바라보는 동양 사상에는 이 세상의 조화로움과 평화를 존중하는 세계관이 담겨 있어요. 그러나 안타깝게도 지금 한국에서 이루어지고 있는 입시 위주의 교육은 아이들을 경쟁으로만 내몰고 있습니다. 상위권 5퍼센트에 맞추는 교육은 나머지 95퍼센트를 불행하게 만드는 교육이지요. 오직 일류 대학을 목표로 하는 교육에서는 아이들이 자신의 타고난 고유성과 잠재력을 존중받을 기회가 거의 없습니다. 입시 교육으로 경쟁에 내몰리며 '우리'보다 '나'를 우선시하게 되고, 그렇게 우리 사회는 점점 더 각박해지고 있습니다.

삶이 각박해지고 사회적 상황이 암담해질수록 고립을 선택하기보다 '함께'의 가치를 떠올리면 좋겠습니다. 아이를 키우는 일 역시 마찬가지입니다. 성적 경쟁, 입시 경쟁이란 것의 본질도 결국은 내 아이만 잘되었으면 하는 이기적인 욕망의 결과는 아닐까요? 내 가정과 내 아이만 생각하는 이기주의는 고립으로 이어질 뿐 선순환을 만들어내지 못합니다.

바쁜 현대 사회에서 시간과 품을 들이며 타인과 좋은 인연을 맺고 지속하기가 결코 쉬운 일은 아닐 겁니다. 그러나 정성을 들여야 관계가 지속되고 좋아진다는 것은 당연한 일입니다. 좋은 관계라는 열매를 맺기까지 순풍과 역풍의 관문을 다 거치면서 항해하는 과정

여러 가족이 함께 기획한 어느 봄 축제

우리 부모들이 먼저 신뢰를 바탕으로
주변 이웃들과 건강하게 관계 맺는 모습을 보여준다면,
그것 자체가 아이들에게는 하나의 큰 배움이 될 것입니다.

이 필요합니다. 우리 부모들이 먼저 신뢰를 바탕으로 주변 이웃들과 건강하게 관계 맺는 모습을 보여준다면, 그것 자체가 아이들에게는 하나의 큰 배움이 될 것입니다. 마을에서 작게라도 뜻을 같이하는 부모들이 커뮤니티를 형성하여 서로 도움을 주고받았으면 합니다. 아이들이 주변의 이웃과 오랜 기간을 함께 알고 지내면서 소소한 일상생활을 나누는 경험은 아이들의 내면을 풍부하게 가꾸어줄 것입니다. 이러한 경험은 주변 세상을 향한 관심으로 이어지고, 아이들을 세상의 다양한 문제를 풀어나갈 수 있는 건강한 어른들로 커나가게 해줄 것입니다. 어른들이 이웃과 함께 재미있고 행복한 마을을 만들어가면 아이들은 자연스럽게 행복해집니다. 그런 어른들의 모습이 아이들에게는 행복하게 살아갈 미래를 보여주는 하나의 청사진이 되겠지요.

공동체를 키우기 위한 부모 연습

주변의 부모들과 '부모 커뮤니티' '부모랑 아이랑' 등의 모임을 꾸려보세요. 정기적으로 만나 서로의 가치관을 나누고, 소박하게라도 따뜻한 음식을 나누며 아이들이 함께 노는 모습을 지켜보는 시간을 마련합니다. 특히 엄마들에게 우정이란 아주 가치 있는 일이니까요!

일주일의 리듬 생활 공동체

주 1회 토요일 오전이나 일요일 오후, 부모들이 모여 '부모랑 아이랑' 모임을 꾸립니다. 그날은 근처의 공원(숲)에서 아이들과 놀이를 함께하며 한 주의 리듬을 만들어보세요. 긴 호흡으로 이어나가다 보면, 사회환경의 변화무쌍한 폭풍 속에서도 따뜻한 가정을 꾸려나갈 수 있도록 서로 도움을 주고받게 될 거예요.

한 달의 리듬 생활 공동체

월 1회 부모들이 함께 모여 일상생활에 필요한 것들을 함께 만드는 등 의미 있는 활동을 하며 부모로서의 고충을 나눕니다. 아이들은 그 옆에서 자유롭게 놀면서 모방할 수 있지요. 어렵지 않게 한 달의 리듬을 만들 수 있습니다.

사계절의 리듬 생활 공동체

아이에게 해주고 싶지만 혼자 하기는 버거운 일 중 하나인 계절 축제를 주변의 부모들과 함께 재미나게 준비하여 여러 가족이 함께 나눌 수 있습니다. 가정마다 안 쓰는 장난감, 책, 옷 등을 정리해 축제 때 서로 기증하고 나누어도 좋습니다. 사계절의 즐거운 리듬을 만들 수 있을 거예요.

에필로그

우리가 놓치고 사는 소소하지만 행복한 순간들

"엄마, 우리 그렇게 돈이 없어요? 비행기 타고 2시간 반이면 갈 텐데 왜 20시간 걸려 차를 타고 가요?"

저희 부부가 유학생인 시절이었어요. 방학을 맞이해 멀리 사는 남편의 이모님 댁을 방문하기 위해 장거리 자동차 여행을 할 때였습니다. 뒷좌석에 앉아 조용히 있던 일곱 살 아이는 그 시간이 지루했는지 의문을 제기했어요. 왕복 40시간 동안의 자동차 여행에서 각자가 조용히 멍하니 있기도 하고, 낮잠을 자기도 하고, 끝말잇기나 스무고개를 하기도 하며 시간을 보냈습니다.

가도 가도 허허벌판인 사막, 똑같은 풍경이 끊임없이 펼쳐졌습니다. 지루함을 달래기 위해 힘차게 노래를 부르기도 하고, 옛날이야기를 들려주기도 하면서 긴긴 시간을 좁은 소형차에서 함께 보냈습니다. 그 뒤로도 매년 방학이면 장거리 자동차 여행을 떠났습니다. 미국의 광활한 땅을 이리저리 수천 킬로미터씩 달리는 시간을 여러 번 보냈지요.

그로부터 15년이 흐른 지난 여름휴가 때도 장거리 자동차 여행을 선택했습니다. 달라진 점이 있다면 이번에는 어린 시절 의문을 제기했던 현이가 솔이와 함께 기획한 여행이었다는 점입니다. 그동안은 저희 부부가 가족 여행 계획을 세웠는데, 작년부터는 아이들이 맡기 시작했습니다. 자기들이 땀 흘려 일하고 모은 돈으로 숙소를 예약하고, 일정을 짜서 먼저 의견을 물어왔어요. 15년 전 왜 비행기를 타지 않고 장시간 자동차 여행을 선택했는지 이제 알게 된 걸까요? 따로 물어보지는 않았습니다.

달라진 점이 하나 더 있었습니다. 앞자리와 뒷자리에 앉는 사람이 바뀌었어요. 15년 전에는 저희 부부가 앞자리에 앉고, 아이들이 뒷자리에 앉았지요. 이제는 아이들이 앞자리에 앉고, 저희가 뒷자리에 앉아 아이들의 뒷모습을 바라보게 되었습니다. 여전히 좁은 소형차를 타고 떠난 여행이었습니다. 그 긴긴 시간 동안….

그래서 현이는 우리가 서로 친하게 지내야 한다고 말합니다. 여전히 끝말잇기도 하고, 돌아가면서 노래도 부릅니다. 그러나 옛날이야기를 해달라고 조르며 상상의 나래를 펼쳤던 아이들의 모습은 아쉽게도 사라졌어요. 이제는 두 남매가 도란도란 서로의 고민을 나누는 소리를 뒷자리에서 가만히 듣습니다. 어른이 되어 감당해나갈 일들과 책임에 대한 이야기가 진지하게 이어집니다. 아이들은 스스로 질문하고 스스로 대답하면서 해결 방안을 찾아 나서고 있었습니다. 우리 부부가 끼어들 자리가 별로 없었어요.

여행의 시간은 빠르게 흘러갔습니다. 우리는 현이가 부탁한 대로 서로에게 아주 친절했어요. 그리고 마음껏 크게 웃었습니다. 사람은 혼자 있을 때보다 여럿이 함께 있을 때 무려 30배나 더 자주 웃는다고 하던 이야기를 체감할 수 있었습니다. 그리고 우리는 내년 여름을 기약하며 헤어졌습니다.

40시간 자동차 여행! 우리 식구가 아주 가까운 밀착을 유지한 채 서로에게 집중하며 이야기하고 들어줄 수 있는 시간을 마련해준 좁은 공간의 위력에 감사하기도 했습니다. 만약 같은 40시간을 집에서 보냈다면 어땠을까요? 우리는 아마도 각자의 방에서 해야 할 일을 하느라 서로에게 잠시도 집중하기가 어려웠을 것입니다.

어느덧 훌쩍 커버린 두 아이의 모습이 머릿속에 스쳐 지나갔습니다. 두 남매는 지금 각자가 선택한 길에서 고군분투하고 있습니다. 독립해서 나간 아이들이 휴가 때 잠깐씩 집을 방문할 때면 우리 부부에게도 '오면 와서 좋고, 가면 가서 좋다'는 옛말이 어느새 실감나게 다가옵니다. 그동안 많은 배움의 선물을 듬뿍 안겨주고 품을 떠난 아이들을 멀리서 지켜보며, 홀가분한 마음으로 저희 부부만의 새로운 삶을 계획하고 있습니다.

때때로 끊이지 않는 집안일로 아이들과 함께하는 시간이 늘 부족하다고 호소하는 엄마들을 만납니다. 그때마다 저의 마음을 울리고 우리 가족의 삶을 돌아보게 해주었던 틱낫한 스님의 말씀을 나누곤 하지요.

> "분주함은 삶에서 본질적인 것을 빼앗아 간다. 만에 하나 당신이 자신과 가족에게 시간을 할애해야 한다는 사실을 알고도 미루고 있다면, 그것은 당신이 힘을 잃었다는 증거다."*

부모가 일상을 어떻게 바라보느냐가 중요합니다. 창의성은 일상을 새로운 눈으로 볼 때 싹틀 수 있습니다. 부모가 서두르지 않고 천천히 소박한 일상을 살아나가는 그 시간이 모여 아이들에게 안정감이라는 튼튼한 기둥을 심어줍니다. 안정감은 훗날 아이들이 자신의 날개를 펼칠 때 꼭 필요한 삶의 기본 요소입니다.

'아이는 부모와 기쁘게 배우면서 논다'는 말처럼 부모와 아이가 행복한 관계를 이루기 위한 진리는 사실 누구나 다 알고 있을 겁니다. 문제는 일상에서의 실천이지요. 세상의 모든 진리를 문장으로 요약하고 나면 간단합니다. 중요한 것은 그것을 삶에서 얼마나 잘 실천하느냐의 문제입니다. 그렇다면 우리는 왜 번번이 자녀교육의

* 《힘》(틱낫한 지음, 진우기 옮김, 명진출판사, 2003), 94쪽.

금과옥조 같은 진리를 실천하면서 살지 못할까요? 여러 이유들이 있겠습니다만 무엇보다 분주한 일상 때문에 자주 잊어버리고 실천으로 옮기지 못하는 것이 아닐까 싶습니다. 머리로 알고 있는 진실을 가슴으로, 몸으로 옮기는 일은 매우 지난한 과정이기 때문에 우리는 자신을 돌아보면서 삶의 진리를 마음에 새기는 작업을 반복해서 다시 해야 합니다.

부모와 아이의 관계에는 정답이 없습니다. 다만 한 가지 중요한 사실은 우리가 자칫 놓치기 쉬운, 또는 놓치고 사는 소소하지만 행복한 순간들 속에서 신뢰가 쌓여나간다는 것이지요. 소박한 일상에서 마주하는 기쁜 순간, 행복한 순간이 많으면 많을수록 부모와 아이의 관계는 더 행복하고 건강해질 것입니다.

부모와 아이가 함께 자라는

오늘 육아

초판 발행 2020년 4월 27일

지은이 김영숙
펴낸이 김정순
편집 한의영 허영수
디자인 어나더페이퍼
일러스트 김남준
마케팅 김보미 양혜림 이지혜

펴낸곳 (주)북하우스 퍼블리셔스
출판등록 1997년 9월 23일 제406-2003-055호
주소 04043 서울시 마포구 양화로 12길 16-9(서교동 북앤빌딩)
전자우편 editor@bookhouse.co.kr
홈페이지 www.bookhouse.co.kr
전화번호 02-3144-3123
팩스 02-3144-3121

ISBN 979-11-6405-058-1 03590

이 도서의 국립중앙도서관 출판도서목록(CIP)은 서지정보유통지원시스템 홈페이지(http://seoji.nl.go.kr)와
국가자료공동목록시스템(http://www.nl.go.kr/kolisnet)에서 이용하실 수 있습니다.
(CIP제어번호: CIP2020013883)